JN029777

いま本気で考えるための日本の防衛問題入門

防衛省防衛研究所特別研究官
小野圭司

河出書房新社

装幀●こやまたかこ
カバー写真●ロイター／アフロ
地図作成●原田弘和
図表作成●アルファヴィル

日本の軍事・安全保障問題を、多角的に見るために——まえがき

中国の古典『易経《えききょう》』の「繋辞下伝《けいじかでん》」に、君子は「治《おさ》むれども乱を忘れず」という記述がある。この言葉は、平時における危機管理への戒《いまし》めとしてよく引用される。しかしこれは君子だからできるのであって、凡人には難しい。利用可能な資源が限られるなか、「将来への備え」「見えない危険への対策」は、どうしても優先順位が低くなる。「治」まっていると、「乱」はなかなか見えてこないものだ。

とはいうものの、このところ「乱」に対する社会の関心が高まっている。これは日本が置かれた地理的条件とも関係がある。朝鮮半島や台湾、南シナ海と情勢が緊迫する地域に囲まれている。オホーツク海も穏やかではない。その対岸のロシアは、2022年2月に「自国の安全保障を確保するため」に隣国ウクライナに侵攻した。

またウクライナのゼレンスキー大統領は、2023年5月、広島にきてG7に支援を訴える。そして地球の反対側にあると思っていたNATO（北大西洋条約機構）は東京に事務所を構えるという。

こうなると軍事・安全保障に関する知識への需要が湧き上がる。「治」にあって「乱」を学ぶ人もふえた。ただ「治れども乱を忘れず」という表現は、「治」と「乱」を暗黙の裡《うち》に対《つい》の存在と捉えている。果たしてそうか。

日本では軍事・安全保障の国家戦略は明治の頃にもあった。欺瞞《ぎまん》や扇動《せんどう》は古代ギリシア（紀元前5世紀）や中国の春秋時代（紀元前8～前4世紀）にもおこなわれた。ウクライナで投入されている

傭兵《ようへい》の歴史はさらに古い。

武器や技術は時代を経て大きく発展する。しかし人間の思考・本性はたいして変わらない。この発展するものと変わらないもので社会が形成される。人間が社会をつくり上げ、それが時間をかけて変化する流れのなかで、「治と乱は糾《あざな》える縄の如《ごと》くであった」というのが実のところではなかったか。本書はこうした視点で防衛問題を考えるための材料提供を目的としている。

この数年、安全保障に関していろいろな出来事が起こったが、それらを起点や終点とは捉えない。あくまでも、大きな流れのなかでの通過点として位置づける。

このような本書には、読者に期待するところが2つある。1つは防衛問題を長期的な視野で捉えることだ。「将来への備え」「見えない危険への対策」を後回しにする延長で、防衛問題も「今日・明日をどうするか」という議論が多くを占めている。

「タイパ」という若者言葉が示すように、現代社会ではやや窮屈《きゅうくつ》なほどに時間選好が強くなっている。防衛問題もその例外ではない。そうなると長期の課題を考える場合、自ずと短期の積み上げとなる。

それはそれで一理あるのだが、合成の誤謬《ごびゅう》ということもある。ここは視点を変えて「長期を分解したものが短期」という見方で防衛問題や軍事・安全保障を捉えてみてはどうだろう。両者の視点が異なる結果を出すようならば、新たな疑問が湧き知見も深まる。昨今の安全保障論議では、長期を微分《びぶん》するような視点が弱いように感じられる。まずは過去も含めた長い視点で防衛問題を俯瞰《ふかん》してみよう。

もう1つの期待は、防衛問題や軍事・安全保障を通して日本社会を問うことだ。軍事・安全保障も社会事象の一部である以上、その知識を得ることで、社会の課題も新たな視点で捉えることができる。

政治・経済の面から社会の問題を問うことは普通におこなわれている。防衛問題や軍事・安全保障からも、政治・経済の議論とは異なる角度から課題が明らかになるはずだ。ただこれまで日本では、「治」にあって「乱」への問いは広がりを欠いてきた。軍事・安全保障での研究水準の高さに比べると、不釣り合いを感じざるを得ない。

健全な軍隊は健全な社会に宿る。したがって、多角的に日本社会を捉えることは防衛問題を考えるうえで欠かせない。

著者が戦争と軍事の経済学を専門としていることから、「防衛問題の入門」を謳《うた》いつつ、軍事・安全保障の経済的側面に関する記述が多くなった。しかし読者は、ある意味で新鮮味を感じるのではないかと自負している。防衛費や防衛産業だけではなく、地球温暖化や人口動態も安全保障と深く結びついている。

本書を読み終えたとき、読者に少しでも「軍事・安全保障に関する視野が広がった」と感じてもらえたら、著者にとってそれに勝る喜びはない。

小野圭司

第1章 地政学と歴史から読む いま現在の日本の軍事情勢

第2章　防衛の最新問題を根源から理解する

第３章　ウクライナ侵攻がもたらした日本への教訓

第1章

地政学と歴史から読む
いま現在の日本の軍事情勢

戦後の主な課題は、日本ではなく中国である。かつての「天朝上国」の潜在国力は「桜の国」のそれを大きく上回り、一旦その国力が軍事力に転化されると、中国大陸沖合の島国である敗戦国日本の立場は極めて危くなる。

ニコラス・J・スパイクマン『米国を巡る地政学と戦略』（1942年）

1 朝鮮半島

大陸と日本の狭間に位置する意味

韓国と日本——たびたび日本が関わる戦場となった

倭人《わじん》は帯方《たいほう》の東南大海の中に在り

「倭人は帯方の東南大海の中に在り、山島に依《よ》りて国邑《こくゆう》を為《な》す」「郡従《よ》り倭に至るには、海岸に循《したが》いて水行《すいこう》し、韓国を経て、乍《あるい》は南し乍は東す」

3世紀末頃に著された『魏志倭人伝《ぎしわじんでん》』には、倭（日本）の位置が朝鮮半島を基準にこう書かれている。当時は朝鮮半島南岸部も倭に含まれていた。

軍事の視点で日本をとりまく環境を考える場合、こうした朝鮮半島の位置が意味するところを理解しておく必要がある。

中国大陸から日本海を挟んで位置する島国の日本に向かって、朝鮮半島は中国大陸から大きく突き出ている。日本を含む東アジアは、古代から中国を軸とする文化圏を形成しており、さまざまなモノや文化が朝鮮半島を経由して、大陸から日本にもたらされてきた。

朝鮮半島は日本にとって経済・文化の通り道であった。これは地理的な条件から自然なことだ。この位置関係は同時に、朝鮮半島が軍事においても重要な通り道でもあったことを意味している。

歴史を遡《さかのぼ》ると朝鮮半島を舞台に、あるいは朝鮮半島を経由して、日本はいくつもの戦争に関わってきた。白村江《はくすきのえ》の戦い（663年）では、朝鮮半島の白村江を舞台に倭国（日本）と百済《くだら》遺民が唐・新羅《しらぎ》の連合軍と干戈《かんか》を交えた。二度にわたる元寇《げんこう》（1274年・1281年）では、元軍・高麗《こうらい》軍が朝鮮半島を経由して九州北部に襲来した。

逆に日本からは、豊臣秀吉の朝鮮出兵（1592年・1597年）があった。日清戦争（1894～95年）も日本と清国の戦争であるが、清国の冊封国《さくほうこく》だった朝鮮半島が戦場となった。また朝鮮戦争（1950～53年）では、日本は国連軍の後方支援拠点として機能した。

こうした過去の数々の戦争は、朝鮮半島と日本の地理的な関係から必然的に発生したものと捉えることができる。そしてこの「地理的条件」は有史以前から現在に至るも変わっておらず、将来も変わることはない。

現在進行中の朝鮮戦争

朝鮮半島は、過去に朝鮮戦争という東西対立の舞台となったことが、いまも安全保障環境に有形無形の影響を残している。

第2次世界大戦後、朝鮮半島には北緯38度の暫定《ざんてい》境界線が引かれ、北をソ連、南を米国が占領下に置いた。1950年6月25日の早朝、北朝鮮軍がこの境界線を越えて一斉に南進したことで朝鮮戦争が勃発する。

北はスターリンが率いるソ連の支援を受け、戦争後半には中国の人民志願軍が戦争に加わった。南は米軍を中心とした国連軍という西側勢力だ。一進一退の激しい攻防を繰り返し、1953年ま

図表1 朝鮮半島と38度線

で戦闘は続いた。

ここで注意すべきは、朝鮮戦争は公式にはまだ終結していないということだ。１９５３年７月に休戦協定が締結されるが、これは講和条約ではない。その後、大規模な戦闘はおこなわれていないが、あくまで終戦ではなく休戦である。つまり２０２３年の現在も、国際法上は国連軍と北朝鮮は名目上とはいえ戦争状態にある。

さらにこの休戦協定の署名者に注目すると、朝鮮半島が置かれている複雑な状況が見えてくる。休戦協定の署名欄にある名前は、北側は朝鮮人民軍最高司令官の金日成《キムイルソン》、中国人民志願軍司令員の彭徳懐《ほうとくかい》、朝鮮人民軍兼中国人民志願軍首席代表の南日《ナムイル》大将（北朝鮮）、南側は国連軍総司令官マーク・W・クラーク大将（米国）、国連軍首席代表のウィリアム・ハリソンJr.中将（米国）だ。つまり書類上は北朝鮮軍・中国志願軍と国連軍の協定で、韓国軍の代表は休戦の署名をしていない。

これまで何度か南北首脳会談がおこなわれているが、両首脳は休戦協定に関して非対称な立場にある。

戦闘には韓国軍も投入されていたが、当時は国連に加盟していなかった。ちなみに現在韓国には3万人を超える米軍が駐留しているが、これは米軍でありながら、国連の指揮下にある国連軍であるという２つの顔を持っている。

このように朝鮮戦争は現状、「休戦」なのであって終戦ではない。そして協定上、北朝鮮の相手方は韓国ではなく国連軍（実質的には米軍）だ。実情はともあれ、少なくとも形式上はそういうことになる。

韓国の防衛体制のアキレス腱と強み

韓国と北朝鮮の間に「国境」は存在しない。韓国は北朝鮮（朝鮮民主主義人民共和国）を国家として認めていないからだ。南北の境は軍事境界線と呼ばれ、その両側2㎞ずつを非武装地帯（ＤＭＺ）とすることが休戦協定で決められている。

韓国の首都ソウルは、このＤＭＺに極めて近い。最も近いところで市街地との距離は60㎞に満たない。日本にあてはめると東京から小田原市・つくば市、大阪だと大津市・明石《あかし》市までに相当する。つまりソウルは北朝鮮の大砲やロケット弾の射程距離内にある。もし北朝鮮が韓国を攻撃するならば、境界線に配備した大砲やロケット弾を撃ち込めば、地上部隊が侵攻せずともソウルは一瞬で火の海になる。このようにソウルは極めて脆弱《ぜいじゃく》な位置にあり、韓国の防衛にとって地理的な弱点となっている。

もう1つの問題が急速な少子高齢化で、これは社会的な弱点ともいえる。2022年度の韓国の合計特殊出生率（1人の女性が一生の間に産む子供の数）は0・78だった。ちなみに「少子高齢化が深刻な問題」といわれている日本でさえ1・26（2022年）だ。ここからも韓国が直面している状況がわかる。

これは将来にわたって兵士募集の大きな障害になる。韓国軍の兵員数は現在約60万人だ。しかし

各国で採用されている韓国のK9
155mm自走榴弾砲（出典：韓国陸軍）

出生率が下がり若年人口が減ってくると、将来的にこの人数を維持するのは難しい。

韓国ではいまも徴兵制を敷いている。ほとんどの成人男性が兵役を経験しているので、有事となれば兵士を集めることは可能だ。そうはいっても、兵役経験者の数は長期的に間違いなく減少する。

ところで朝鮮戦争で激しい地上戦を経験している韓国軍は、伝統的に陸軍が中心的な存在だった。ただし近年は海空軍戦力を急速に充実させている。また陸軍においても、最新装備の導入が進んでいる。量より質の重視、軍は（労働の比率が大きい）労働集約型から（設備への投資が大きい）資本集約型へと変化している。

これは韓国に限らず、各国で観察される一般的な傾向だ。その韓国はこのところ武器輸出を推し進めている。戦車、自走砲、軽攻撃機、多連装ロケット砲など主要装備を含むさまざまな武器の輸出に成功している。それも途上国や新興国だけではなく、オーストラリア、フィンランド、ノルウェーなどの先進国も韓国製武器を購入している。

これら先進国では自ら防衛産業を抱えており、国産や韓国以外からの輸入などの選択肢を検討したうえで韓国製武器の購入を選んでいる。国際市場で十分な競争力を有する防衛産業が構築されており、それが韓国の国防力を支えている。

北朝鮮の核ミサイル問題——加速する開発と資金調達

発展途上だが将来の脅威

1993年5月に北朝鮮は初めて日本海に向けてミサイル発射実験をおこなった。それ以来、国際社会の警告を無視して、幾度となくミサイル発射を繰り返している。2022年には過去最多となる59発の弾道ミサイル発射をおこなった。これだけ弾道ミサイル発射を繰り返していることから、すでに基本技術は習得していると見てよい。現時点では次の段階として、米国本土を標的とするための小型化、長射程化を目指していると考えられる。

核弾頭を小型化・軽量化すれば、それだけ遠くに飛ばすことができる。つまり弾頭の小型化は長射程化を意味する。

しかし核弾頭を小型化するのは技術的に難しく、北朝鮮がどこまで実現しているかは、現在のところ未知数だ。これまで何度もミサイル発射をおこなってきたが、いずれも実際に弾頭は搭載していない。ただ仮に核弾頭の小型化に成功していないとしても、敵地までミサイルを飛ばす基本技術があるということは、それだけで脅威になる。

さらには最近、北朝鮮は弾道ミサイルを変則軌道で飛翔させる技術を実証中であると見られている。変則軌道の場合、弾道ミサイルの軌道は単純な放物線ではなく、着弾前に軌道が変化するので追尾・迎撃は難しい。加えて2023年4月には、液体燃料式より迅速な発射が可能な固体燃料式大陸間弾道ミサイルの発射をおこなった。

このような事態に備えるため日本と韓国は、２０１６年11月に「日韓秘密軍事情報保護協定（ＧＳＯＭＩＡ＝ジーソミア）」を締結した。これにより、北朝鮮のミサイル発射に関する情報が両国で共有されるようになった。同協定は韓国の文在寅《ムンジェイン》政権下で運用が事実上停止されていたが、２０２２年５月に就任した尹錫悦《ユンソンニョル》大統領は正常運用に戻すことを表明した。

弾道ミサイル以外にも、北朝鮮が今後開発に注力すると思われる技術分野がいくつかある。その１つが極超音速滑空兵器（ＨＧＶ）だ。弾道ミサイルの弾頭として打ち上げ、高度40～１００㎞で切り離した後に滑空飛行する。極超音速（マッハ５～10）で、しかも高度１００㎞以下を滑空飛行するため、レーダーで探知しにくく撃墜が難しい。北朝鮮はＨＧＶを２０２１年10月の国防展覧会で披露しており、２０２２年１月には発射実験に成功したと発表した。

軍事偵察衛星も開発中と見られている。これは敵国の軍事行動を随時把握するために必要な技術だ。北朝鮮は２０２１年に発表した「国防５か年計画」で、この軍事偵察衛星の設計が完成していると主張しているが、打ち上げに成功した事実はない。実際の運用まではまだ当分時間がかかるだろう。

潜水艦はすでに保有しており、過去に何度か潜水艦から弾道ミサイルを発射する実験をおこなったと発表している。仮に成功していたとしても、その能力は米国海軍などとは大きな開きがある。

北朝鮮の潜水艦は小型艦で、弾道ミサイルを３発しか搭載できない。米英仏中露が保有する弾道ミサイル潜水艦は12～24発を搭載できるので、３発というのは大きく見劣りする。ミサイルも能力

図表2 ミサイル攻撃に対する日本の防衛体制イメージ

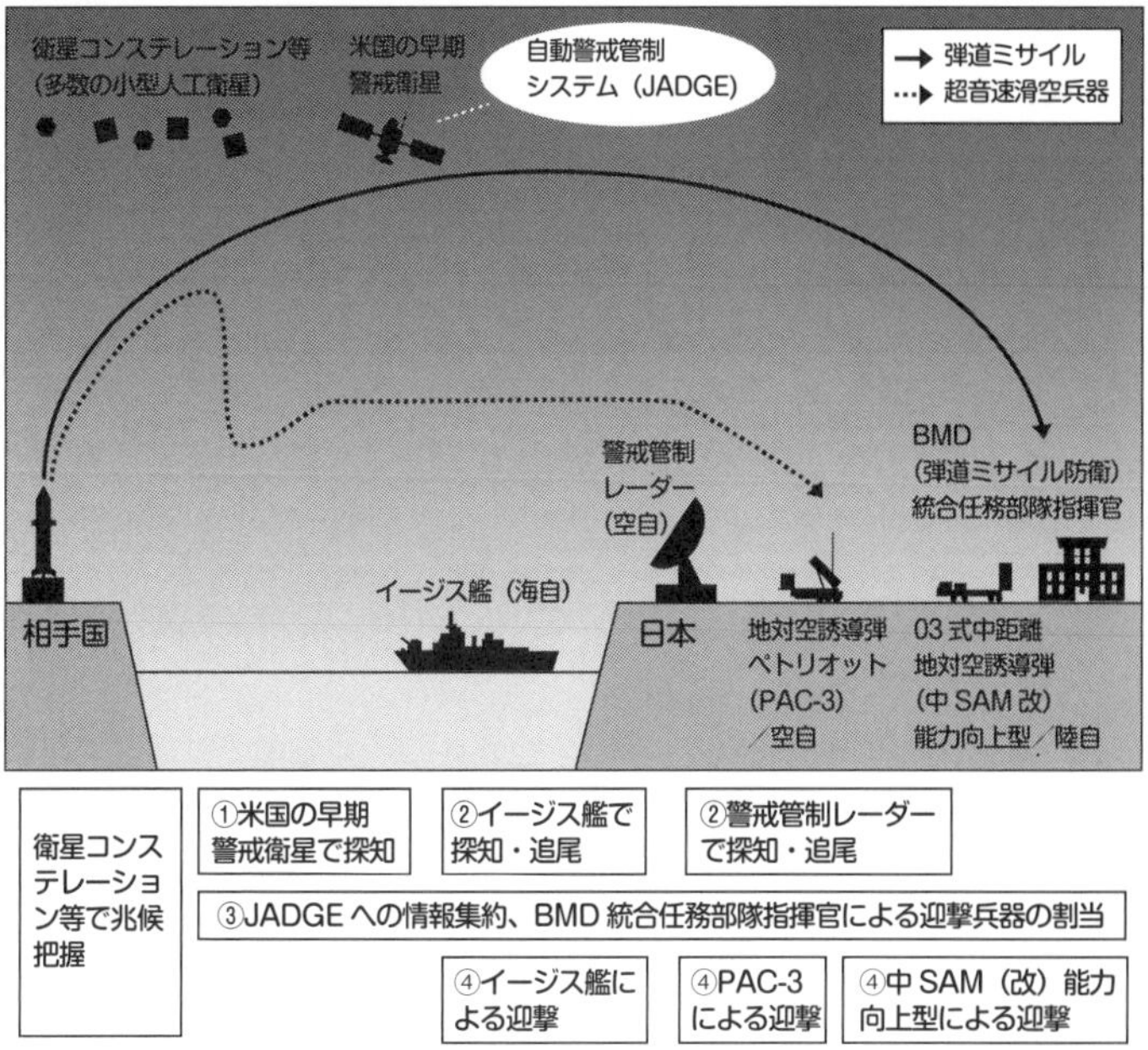

（参考：防衛省HP）

が低く射程は2000kmほどだ。米英海軍が配備している潜水艦発射弾道ミサイル「トライデントⅡ」の射程は1万kmを超える。

また動力もディーゼルエンジンと電動機を組み合わせた通常型なので、原子力潜水艦のような長期間の作戦行動はできない。

ミサイルを潜水艦から発射する長所は、発射直前までその動向を秘匿《ひとく》できるところにある。ミサイルの射程が短いと敵に近づく必要があり、通常型動力では長期潜航ができないので、敵に発見される可能性は高くなる。敵に簡単に見つかるのであれば、武器としての効果は大きくない。

むしろ北朝鮮が多く配備している小型潜水艦が特殊工作員を乗せて韓

国などに密かに上陸させたりすると、平時であっても大きな脅威となる。

開発資金の意外な調達方法

このような北朝鮮の軍備増強、技術開発の資金はどのように捻出《ねんしゅつ》しているのか。北朝鮮には輸出して外貨を得られるような、国際競争力のある製品や資源がほとんどない。あるとすれば出稼ぎ労働者の送金ぐらいだ。

このほかには、サイバー攻撃が、北朝鮮の外貨獲得手段となっていると見られている。２０１９年に国連安全保障理事会に提出された報告書によると、北朝鮮はサイバー攻撃によって銀行や仮想通貨取引所をハッキングして20億ドル（約２７００億円）を盗み取ったとされる。また２０２３年４月７日に開催された日米韓３か国による北朝鮮問題担当者会談では、共同声明のなかで北朝鮮が２０２２年だけでも17億ドルの暗号資産を盗んだとしている。

北朝鮮によるハッキングは、数百人のＩＴ技術者をアジアや欧州など世界中に送り込み、書類上は現地住民が経営している企業を拠点におこなう大規模なものだ。

北朝鮮にとってもう１つ有効な外貨獲得手段が武器輸出だ。

ロシアはウクライナ侵攻が長引いたことで、弾薬不足に悩んでいる。これを補うため、ロシアは北朝鮮から武器を輸入していると見られている。なぜ北朝鮮からなのか。

欧州、米国、日本、韓国など西側諸国はＮＡＴＯ（北大西洋条約機構）規格の武器・弾薬を配備している。例えば戦車砲弾の口径は１０５㎜や１２０㎜、野戦砲では１５５㎜などだ。しかし旧ソ連の武器はこれと異なり、戦車砲弾なら１１５㎜か１２５㎜、野戦砲の砲弾は１２２㎜または１５

2㎜である。この旧ソ連の規格を使用しているのは、いわゆる東側諸国、中国、北朝鮮などで、ウクライナ軍の装備も基本はこの旧ソ連規格だった。

ちなみにロシアの侵攻を受けて西側からウクライナに提供されている武器の多くはNATO規格のもので、現在ウクライナ軍には2つの規格の武器が混在している状態だ。

ロシアが砲弾を調達できる国は限られている。北朝鮮もその1つだ。旧ソ連規格砲弾の生産能力があり、在庫もあるだろう。これをロシアに輸出することで得られた外貨が、核・ミサイルの開発資金に充当される危険がある。

2 中国　よみがえる大国の実情

経済力の変遷――「中華民族」の偉大な復興

ローマ帝国の2倍の経済力

「中華民族の偉大な復興という夢の実現は、国家の富強、民族の振興、人民の幸せを実現させるものである」。2012年3月の第12期全国人民代表大会第一回会議で国家主席に就任した習近平《しゅうきんぺい》は、その閉会式の演説でこう述べた。

「偉大な復興」とは何を意味するのか。

中国が米国と肩を並べるほどの「大国」といわれるようになったのは、最近のことと思われがちだ。しかし西暦元年から今日までの間、そのほとんどの期間で、中国は世界1位ないし2位の経済力を有していた（図表3）。

これはオランダの経済学者アンガス・マディソンが設立した研究チーム「マディソン・プロジェクト」が算出したもので、世界で広く用いられている歴史統計データに基づいている。なお「マディソン・プロジェクト」の値は、購買力平価《こうばいりょくへいか》で算定されている。

購買力平価について簡単に説明しよう。先進国と途上国ではリンゴの値段が異なる。これは先進国通貨と途上国通貨の換算が、市場で決まる為替《かわせ》レートでおこなわれるためだ。そこで「リンゴは世界中どこでも同じ値段」という原則で、各国間の通貨の交換比率を人為的に決める。これをあらゆる商品・サービスについて、「同一商品・サービスは世界中どこでも同じ値段」という計算をおこなって平均値をとったものが購買力平価だ。このため購買力平価で各国通貨の換算をすると、見かけではない「真の」経済力を把握することができる。

西暦元年以来、中国と長期間にわたり世界1、2位の経済大国の座を争ってきた国はインドだ。古代においては農耕・牧畜や簡単な手工業しか産業がなかったので、人口1人当たりの生産力に大きな差が生じない。つまり国の経済力は、ほぼ人口に比例した。当時、最も人口が多かったのが、パキスタン、バングラデシュ、アフガニスタンなどを含むインド地域で、中国はそれに続く位置にあった。西暦元年頃に栄華を誇ったローマ帝国も、経済力でいえば中国の2分の1程度だった。

図表3 世界全体のGDP構成比〔購買力平価基準〕(西暦元〜2014年)

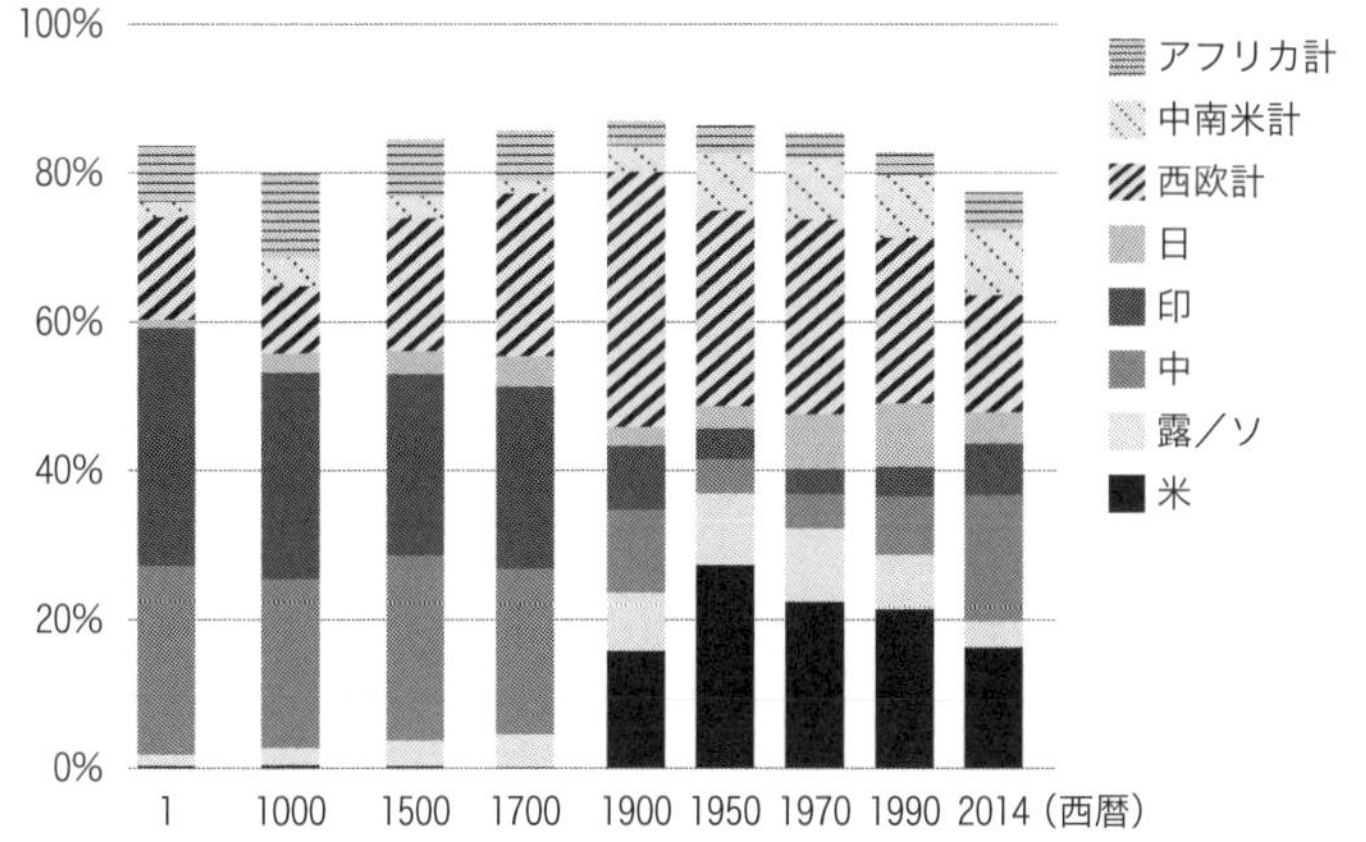

出所:マディソン・プロジェクト・データ
〈http://www.ggdc.net/maddison/maddison-project/home.htm, 2013 version〉
より算出・作成。

ところが15世紀頃のルネサンス期、宗教の束縛から解き放たれた世俗主義・合理主義の下で、１人当たりの生産性において西欧の優位が徐々に顕在化《けんざいか》した。それでも中国は絶対的に人口が多いので、多少の生産性の格差で人口の差は埋められなかった。つまりその後も差は縮まったものの、中国は経済大国であり続けた。

しかしこの状況は、19世紀半ばの産業革命で文字どおり「革命的」に変化する。産業革命を経験した国とそうでない国の、１人当たりの生産性格差は飛躍的に拡大した。また19世紀以降、中国はアヘン戦争などいくつもの戦争と列強による侵略を経験した。加えて辛亥《しんがい》革命や共産主義革命によって国力が停滞する。

その後、20世紀後半の改革開放で社会主義市場経済に移行すると経済は再び成長に転じ、ＷＴＯ（世界貿易機関）加盟で輸出が大きく伸びたことも手伝い、再び世界の第２位の経済大国となる。これが今日に至るまでの、中国の経済力の大きな流れだ。

地政学から見た80年前の警鐘

現在の米中せめぎ合いの背景には、中国の経済力台頭がある。この米中対立の構図を、いまから80年前に地政学的考察から予言したのがイェール大学教授だったニコラス・スパイクマンだ。

彼は第2次世界大戦中に出版した著書『米国を巡る地政学と戦略』のなかで、戦後世界は大陸勢力のソ連・中国・ドイツと、海洋勢力である米国・英国・日本の6か国が中核となるとの見方を示していた。そして戦後には米英と中ソの対立が生じるので、米英はドイツと日本をそれぞれ大陸と海洋における中ソに対する抑えとして取り込むべきと主張している。

注目すべきは、このような戦後の見通しを1942（昭和17）年に刊行された書籍のなかで述べていることである。この執筆期間中、欧州戦線はもとより太平洋戦線でも連合国は劣勢だったが、スパイクマンは最終的な連合国の勝利だけではなく、戦後の海洋勢力（米英）と大陸勢力（中ソ）の対立を予見した。

戦後の資本主義勢力（米英）と共産主義勢力（ソ連）とのイデオロギー対立は、チャーチルも含めて予測していた者がいないわけではなかったが、スパイクマンが中国との対立まで見通していた。ただ彼は中国の共産主義化までは予測していなかった。

つまりスパイクマンはイデオロギー対立の有無にかかわらず、大陸勢力と海洋勢力の対峙《たいじ》が生じることの必然性を地政学的考察から導き出していた。

さらに彼は、米国が西太平洋の覇権《はけん》を争う相手は、日本ではなく中国であると当時から断じていた。これは冷戦期に顕在化することはなかったが、21世紀も4分の1が過ぎようとする現在、まさにその様相が展開されている。このような先見は、経済力・軍事力・政治力・技術力・文化的影響力（ソフトパワー）などで構成される国力にとって、地理的位置関係は与件《よけん》であり、その枠内で発揮されるという考え方に基づいている。

さすがのスパイクマンも第2次世界大戦中には、戦後20年余りで日本が自由世界第2位の経済大国となり（昭和43〔1968〕年）、その42年後（2010年）には中国がその地位につくという、国際経済の上の大きな変化までは予見できなかった。

イデオロギーや経済力の変遷《へんせん》にもかかわらず、米中の対立は地政学的な必然であるというのが、80年前にスパイクマンが発した警鐘《けいしょう》であったといえる。

中国の光と影――盛者必衰《じょうしゃひっすい》となるか

国際機関での存在感

近年、経済の世界で中国が存在感を大きくしている理由の1つに、ＩＭＦ（国際通貨基金）や世界銀行の意思決定制度がある。

国際機関というと、まず国連が挙げられるが、国連総会の議決は1国1票だ。多くの人口を抱え経済力を誇る先進国でも1票、人口数十万人の小国でも1票の投票権がある。このため西側先進諸国の意に反するような決議を採択されることもあり、そのため、冷戦期には国連総会の多数派工作のために、米ソが途上国に開発援助や軍事援助を競うことも少なくなかった。

他方でＩＭＦや世界銀行では、出資額で投票権が決まる。この方式だと、おおむね西側先進国に有利な意思決定に落ち着く。これまではそうなっていた。

ところが中国の国内総生産（ＧＤＰ）が大きくなってくると、ＩＭＦや世界銀行などへの出資額が増え、それに伴い発言権も大きくなってくる。例えばＩＭＦでは、２０１０年12月以前の出資比率でいうと中国は３・９９％で、米国（17・６６％）・日本（６・５５％）・ドイツ（６・１１％）・英国とフランス（４・５０％）に次ぐ6位だった。すでにこの時点で、Ｇ７のイタリア（３・１１％）とカナダ（２・６７％）を上回っていた。

さらに２０１０年12月に合意された出資額では、中国（６・３９％）は米国（17・４０％）、日本（６・４６％）に次ぐ3位に上昇し、日本との差もわずかとなっている。ただ価値観を共有する西側諸国の出資比率を合計すると、中国は遠く及ばない。

これまで西側先進国の独壇場であったＩＭＦや世界銀行で、中国の発言権が徐々に高まっていることは間違いない。実際に人事面でも、世界銀行の専務理事に中国人の楊少林《ヤンシャオリン》が就いている。この傾向は今後も長期にわたって変わらないだろう。

また共産党主導の強権的な政治体制も、中国の国際的影響力強化を支えている面がある。中国は台湾問題など共産党体制の根幹領域に触れない限り、人権などで問題のある国とも経済で結びつく。民主主義国家では、そのような外交はたとえ実行したとしても世論の強い非難を浴びるが、中国ではそのような心配はない。

ＩＴ（情報通信）分野で揺らぎ始めた西側の優位

これからの戦争では、サイバー戦での優劣が戦争全体の行方を左右すると見られている。サイバー戦には偽情報（フェイクニュース）を流して世論を誘導・操作する、敵国のシステムに侵入して情報を盗み取るなど、さまざまな形がある。

サイバー攻撃で成功を収めるには、優秀な頭脳が不可欠だ。中国ではかつて頭脳流出が大きな問題だった。最先端のＩＴ技術を身につけさせるために、スタンフォードなどの欧米の一流大学に多くの留学生を送り込んでも彼らは中国に帰国せず、そのまま現地に留まって研究を続ける道を選ぶ者が多かった。

ところが最近は、中国に帰って活躍している留学生が少なくない。これにはいくつかの理由がある。中国の生活水準が高くなり、海外と同じ生活レベルが維持できるようになった。西側当局の技術流出への監視の目も厳しくなり、かつてのように中国籍の研究者が最先端の技術開発に従事できなくなっていることもある。

しかし最大の理由は、最近の中国では産官学に軍を加えた協力体制が確立し、先端技術を修得した人たちに、十分な予算と充実した研究ができる環境を提供していることだ。米国にいるよりもむしろ自由な研究ができると、中国を研究活動の場に選ぶ技術者が増えている。

それだけではない。外国人の研究者・技術者も破格の好待遇で招聘《しょうへい》している。こうした技術開発への重点施策が功《こう》を奏《そう》してか、近年の中国の技術進化は目覚ましいものがあり、西側の技術優位はすでに揺らぎ始めている。これはＩＴ関連の特許出願数や論文発表数に表れており、西側先進国で中国に伍し得るのは米国だけとなっている。

もう1つ、技術開発の規制・倫理規定が緩いことも中国にとって有利に働いている。規制が緩いということは、開発の早い段階で実証実験が可能だということを意味する。日本と比べてみると、その違いは明らかだ。

日本の場合は安全性の担保など規制が多く、実証実験へのハードルが高い。自動車の自動運転や無人機（ドローン）の実証実験などでは、実験そのものよりも許可を得るほうがたいへんだ。しかし中国では良くも悪くも規制が緩いので、実証実験の許可がすぐに下りる。自動運転の自動車も街中を何台も「試験走行」している。規制を緩くすれば技術開発が早く進むというメリットがある一方、事故や開発失敗などのリスクも高くなる。

倫理規定が緩いことも、中国の技術開発の特徴だ。中国は2015年に世界で初めて人間の受精卵の遺伝子操作をおこない、これは国際的な物議を醸《かも》した。そして2018年11月には中国の研究者がゲノム編集した受精卵から子供を誕生させたことを発表し、世界に衝撃を与えた。それだけ技術力が進んでいるということでもあるが、人間のゲノム編集は技術的には可能だが倫理規定に触れるので実行しないというのが、世界の共通認識だった。

その後、この研究者は逮捕されたが、倫理規定の緩さが技術革新の足枷《あしかせ》を外すという一面があることも事実だ。

情報化戦争の舞台は宇宙に広がりつつある。これはSFではなく現在の話だ。ウクライナ戦争でも報道されているように、衛星からリアルタイムで敵の情報を得ることはもはや日常的におこなわれている。

2023年2月に、米国の領空に侵入した中国の気球を米国が撃ち落として話題になったが、人工衛星となると話は変わる。宇宙での軍事活動は、「宇宙条約」(1967年発効)で禁止されている。ところが中国は、2007年に古くなった自国の人工衛星を弾道ミサイルで破壊するという実験をおこなった。以来、同様の実験は何度か繰り返された。宇宙での武力行使に向けて中国が一歩踏み出していることは、軍拡の舞台を宇宙にまで広げるものとして大きな懸念材料となっている。

また宇宙の軍事化ということでは、軍のデータセンターを宇宙に置くという構想がいずれ出てくるだろう。これまで軍のデータは自国の領土内の安全な場所に置くのが常識だったが、軍の活動が地球規模になると、宇宙に置くという選択肢も検討されるようになる。人工衛星へのアクセスは、海底ケーブルを経由するよりも簡単で、データへのアクセス時間も短い。現在、民間企業がこれを検討しているが、将来的には軍事に転用可能な技術である。

少子化と統制強化

確かに中国は、かつての大国としての存在感を取り戻しつつある。しかし以下の点が中国のアキレス腱《けん》として、近い将来大きな意味を持つようになる。

まず社会面では、急速に進展する少子高齢化だ。中国の人口は2022年7月時点で14億2600万人と、建国以来初めて前年を下回った。中国の2021年の合計特殊出生率は1・15と、韓国ほどではないが極めて低い。韓国の項で述べたとおり、少子化が進むことで職業軍人の募集が困難になることが予想される。なお国連が2022年7月に発表した予測値では、中国の人口は21

00年には7億7130万人と、現在の半分近くになる。

政治面では、少数民族問題と強権政治から生じる歪《ゆが》みがある。中国は多民族国家で、人口の90%以上を漢民族が占め、その他が50以上の少数民族となっている。少数民族の多くは敬虔《けいけん》なチベット仏教徒だが、無宗教の共産主義とはイデオロギー的に相容れない。また反政府運動・テロの危険があると見て、中国政府は彼らへの監視を強めている。

こうした状況を国内に抱えているということは、内政的には不安定化の要因であり、その対応について国際社会から強い非難を浴びている。

経済面では、都市と農村部の地域格差、都市住民の貧富の格差、これも内政不安定の材料になるだろう。

技術面では、政府による統制強化がマイナスに作用する可能性がある。中国では頭脳回帰が起こっていると述べたが、一部では当局の統制がむしろ強化されている。強権的な中国政府のやり方は、管理・統制を忌避《きひ》する技術者との間で軋轢《あつれき》を生む。

例えば「アリババ」グループの創設者・馬雲（ジャック・マー）は、一時は飛ぶ鳥を落とす勢いだった。ところがマーケットで巨大なシェアを獲得し、当局に批判的な態度をとるようになったため、事実上中国経済界から締め出された。これは中国政府の強権的な体質が変わっていないことを示す事件だった。

米国ではGAFAM（ガーファム：Google, Amazon, Facebook, Apple, Microsoft）と呼ばれる巨大なグローバル企業が、ときとして政府を揺るがすほどの力を持っている。しかし中国は、こうした事態を絶対に許さない。中国でＧＡＦＡＭに相当する４大企業は、Baidu（バイドゥ）、Alibaba（アリババ）、Tencent（テンセント）、Huawei（ファーウェイ）、頭文字をとってＢＡＴＨ（バース）と呼ばれる。これらＢＡＴＨも政府が許す範囲で企業活動を展開することはかまわない。ただし一線を越えたら絶対に許さないというのが中国政府の姿勢だ。

いまのところ中国政府は、資金面も含めて優秀な技術者を優遇し、集めることで、西側に対する技術優位を実現しつつある。ただしこの不安定な関係は、いつそのバランスを崩さないとも限らない。

3 ロシア
地名に刻まれたテーゼ「東方を支配せよ」

地政学にのっとった行動——大陸国家の伝統とハートランド

マッキンダーの主張

「東欧を制する者はハートランドを制し、ハートランドを制する者は世界島を制し、世界島を制する者は世界を制する」
英国の地政学者ハルフォード・マッキンダーは、『デモクラシーの理想と現実』（１９１９年）のなかでそう論じた。ここでいうハートランドとは、ユーラシア大陸中心の内陸部、世界島とはユーラシア大陸＋アフリカ大陸を指す。

マッキンダーは、世界情勢を「海洋国家（シーパワー）」と「大陸国家（ランドパワー）」の対立という構図で捉えている。

「海洋国家」は周囲を海に囲まれているので、他国からの侵略を防ぎやすいが、その海軍力で「大陸国家」を攻めることはできない。「大陸国家」は内陸への入り口である東欧を確保し、大陸中心部の陸上交通網を手中に収めることでハートランドを押さえる。こうして世界島を制し、最終的には世界を支配することができる、という理論だ。

近年のロシアの行動は、まさにこの理論をそのまま実践しているようにも見える。「ハートランド」を押さえようとしているロシアから見れば、西側諸国と対峙するために重要な地域は、中央アジアと東欧だろう。

ロシアは、中央アジア（≒ハートランド）での軍事的な影響力を行使しようとしている。集団安全保障条約（ＣＳＴＯ）と上海協力機構（ＳＣＯ）という2つの他国間協力枠組みへの関与もその表れだ。前者はロシア、アルメニア、ベラルーシ、カザフスタン、キルギス、タジキスタンの6か国で構成され、後者は中国、ロシア、カザフスタン、キルギス、タジキスタン、ウズベキスタン、インド、パキスタンの8か国が加盟している。

このほかには、ソ連崩壊後にバルト3国（リトアニア、ラトビア、エストニア）を除く旧ソ連邦構成国で結成された独立国家共同体（ＣＩＳ）がある。

図表4 NATOとCSTO

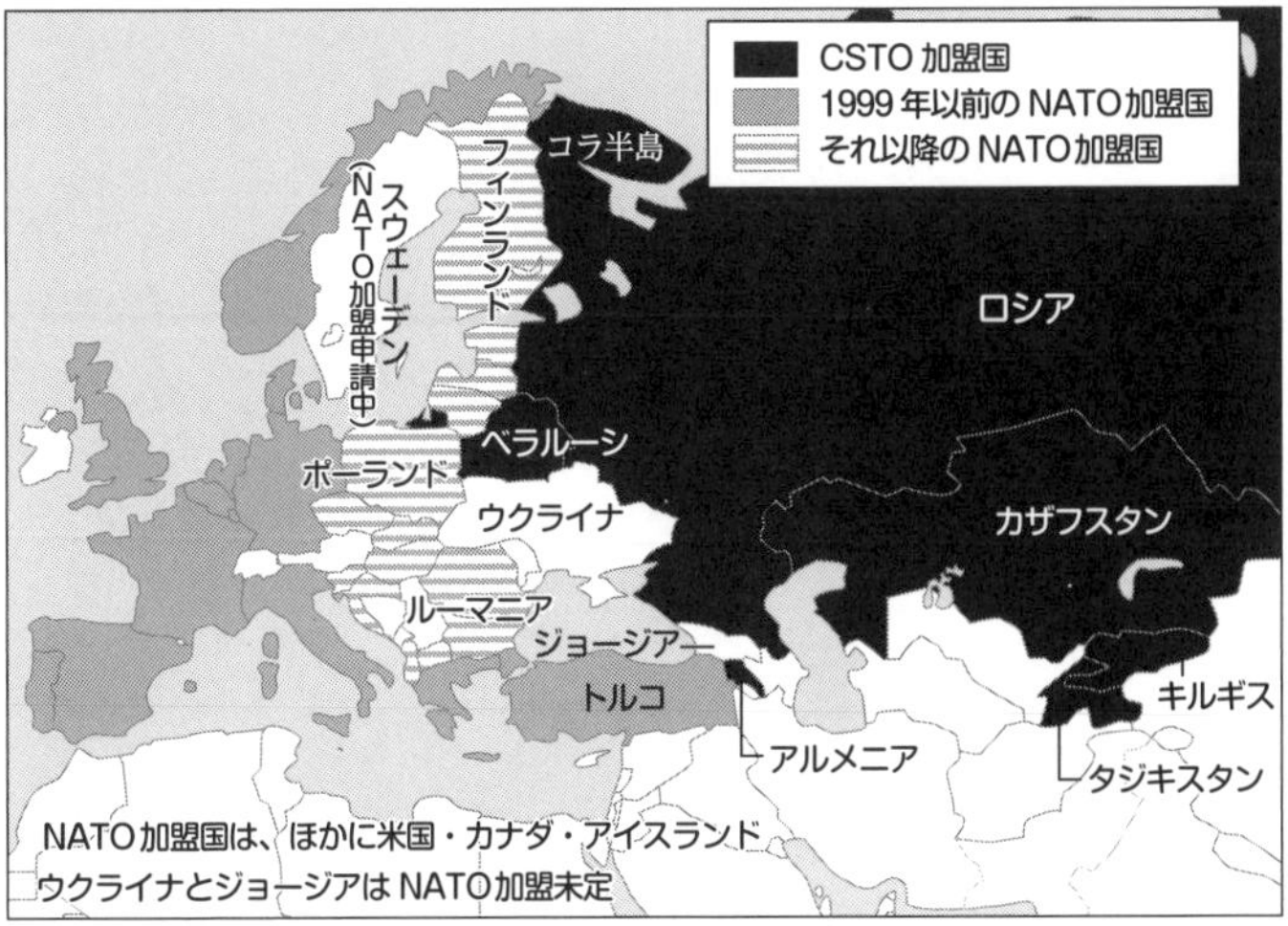

プーチン大統領はウクライナ侵攻中にも、2022年9月にウズベキスタン・サマルカンドで開催された上海協力機構首脳会議、10月にはカザフスタン・アスタナでの独立国家共同体首脳会議に出席している。ウクライナで苦戦している最中でも、プーチンはこれらの会議に出席した。

ハートランドへの注意を怠《おこた》らないというロシアの姿勢が垣間《かいま》見え、これはロシアにとってウクライナへの侵攻に左右される問題ではない。まさにマッキンダーの理論どおりの外交攻勢が、ここに体現されている。

マッキンダーの理論を持ち出すまでもなく、東欧はロシアにとって重要な意味を持っている。西側諸国と直接国境を接することを避けるための緩衝《かんしょう》地帯だからだ。

ところが、ソ連崩壊後、ポーランド、チェコ、ルーマニアなどの東欧諸国、バルト3国などの旧ソ連諸国が次々とNATOに加盟した。ロシアにしてみれば、東欧諸国のNATO加盟によって緩衝地帯がなくなり、間近に西側勢力に囲まれることになる。このことにプーチンが危機感を覚えたことが、ウクライナ侵攻の要因の1つと見られている。

伝統的な極東への勢力拡大

日本から見るロシアは、伝統的に東方に勢力を拡大してきている。ロシアが東方に向かう理由は2つある。1つは単純に領土の拡大。もう1つは不凍港の確保だ。

「北京条約」（1860年）によって日本海を臨む沿海州《えんかいしゅう》を清国から獲得したロシアは、不凍港を抱えるウラジオストックを建設した。この「ウラジオストック」とは「ウラジ（支配）」＋「ヴォストーク（東）」で、「東方を支配せよ」という意味が街の名に込められている。

この後半部は、1961年4月にユーリイ・ガガーリン少佐が乗り込んで世界で初めて打ち上げられた有人宇宙船「ヴォストーク1号」と同じ語である。またロシア軍の4つの軍管区（中央・西部・南部・東部）が毎年持ち回りでおこなう大規模軍事演習のうち、東部軍管区が中心となって実施するものは「ヴォストーク演習」と呼ばれている。

ちなみに2022年9月におこなわれた「ヴォストーク2022」は国後島《くなしりとう》・択捉島《えとろふとう》が演習地域に含まれ、中国やインドなど14か国が参加する多国間演習だった。そして中国海軍が初めて演習に参加している。ただしロシアの参加兵力は5万と、前回の「ヴォストーク2018」の30万人から6分の1に減っており、これはウクライナ侵攻の影響と見られている。

ロマノフ王朝のロシアが東方に進出するにあたり、まず対峙することになったのは中国（当時の清国）だが、これに対しロシアは、「ネルチンスク条約」（1689年）、「愛琿《あいぐん》条約」（1858年）、「北京条約」（1860年）と条約を何度も結びながら、少しずつ東方に国境を移動させてきた。

そしてオホーツク海・日本海を越えて日本にも接触を試みている。

1792年に使節としてアダム・ラクスマンが根室に来航し通商交渉をおこなったが、江戸幕府はこれを拒否した。次に1804年にニコライ・レザノフが長崎に来航して交易を要求するが、幕府はこれも拒否する。ロシアはその報復として、1806～07（文化3～4）年に樺太《からふと》のアイヌ人居住地や松前藩居留地、択捉島にあった幕府会所や盛岡藩番屋などを襲撃した。世にいう「文化露寇《ろこう》」だ。

幕末の1861（文久元）年4月には、ロシア海軍が対馬《つしま》に兵舎や練兵場などを建設して駐留を始めた。さらにロシアは駐留地域の永久租借《そしゃく》を対馬藩に求めている。このときはロシアの動きを警戒した英国東洋艦隊の軍艦が対馬で示威《じい》行動をおこない、東洋艦隊司令官がロシア側に抗議をした。このためロシア海軍は駐留後半年で対馬から撤収している。

ロシアの「東方を支配せよ」は、江戸末期にはシベリアや清国を越えて日本の北方領域にまで達した。

東方へと領土を拡大してきたロシアは、シベリア、満州、樺太、千島列島などへ進出する。そして1799年にはベーリング海峡を渡り、つまりユーラシア大陸を越えてアラスカの領有を宣言した。ところが1853年に始まったクリミア戦争で財政が逼迫《ひっぱく》したため、1867年に米国に売却した。価格は720万ドルで、この金額は当時のロシアの歳入の約40分の1に相当した。この売却は、いまではロシアが犯した大きな過ちといわれているが、もしアラスカがロシア領のままだったら、世界の軍事バランスは現在とは大きく異なったものになっていた。

近年は北方領土を含む太平洋・北極海方面でロシア軍の軍備強化が進み、軍事演習も頻度を増している。さらには中国と共同活動をおこなうなど、軍事活動は活発化の傾向にある。加えて核戦力を含む相当規模の戦力が存在するほか、新型装備への更新が進展している。

飽くなき勢力拡大——ハートランドから外周部へ

南下政策と北極海

伝統的な極東への勢力拡大も、太平洋に面した不凍港を手に入れて海洋進出を目論むという合理的な目的があった。実際、19世紀初めにロシア領アラスカに進出したロシアの国策会社・露米会社は、カリフォルニアやハワイに拠点を設けてロシア人の植民も計画した。

ロシアの海洋進出は、東だけでなく南にも向かう。ナイチンゲールの活躍で知られるクリミア戦争（1853～56年）は、ロシアがオスマン帝国領内のギリシャ正教徒の保護を理由に始めた戦争だが、真の狙いは黒海から地中海へ抜ける通商ルートを確保するところにあった（第3章の「理解を深める用語と知識」161ページ参照）。いわゆる「南下政策」の一環で、ロシアは長期的には黒海と地中海を結ぶボスポラス海峡・ダーダネルス海峡を押さえることを意図していた。

広義の南下政策ではコーカサスからイランを抜けてペルシャ湾を目指す経路の確保、中央アジアではアフガニスタンやインド方面まで勢力を伸ばしてインド洋への進出も視野に入っていた。

このような大陸国家ロシアの南下政策に対して、海洋国家の英国はクリミア戦争ではオスマン帝国を支援し、南アジアではアフガニスタンを保護国とし（1880年）、極東では日英同盟を締結（1902年）して対抗した。マッキンダーが描いた地政学的覇権争いの構図が展開されている。

2014年2月に始まったロシアによるクリミア半島への侵攻や2022年2月のウクライナ侵攻も、南下政策の線に沿った軍事行動のようでもある。とくにクリミア半島にあるセヴァストポリ要塞・軍港は帝政ロシア・ソ連を通じて黒海艦隊の司令部が置かれた主要軍港で、クリミア戦争においても激しい攻防戦がおこなわれた。この攻防戦にはロシアの文豪レフ・トルストイが砲兵少尉として従軍しており、その経験をもとに『セヴストーポリ』という短編を書いている。

近年におけるロシアによる北極海航路の開拓や北極海での資源開発も、海洋進出の一環である。地球温暖化によって北極海の氷が薄くなったために、夏には砕氷船《さいひょうせん》の随行《ずいこう》なしでも航行できるようになっている。この北極海航路の開発や北極海での天然資源開発が、ロシアの安全保障政策に影響を及ぼすことは間違いない。

すでにプーチンは2007年8月、冷戦後に停止されていた戦略爆撃機による北極圏の哨戒《しょうかい》飛行再開を命じた。2012年にはフィンランドとノルウェーに接するコラ半島（図表4参照）で大規模軍事演習をおこない、その後は同半島に極地戦旅団を配置したほか、北極圏での航空基地建設、レーダーや地対艦ミサイルの配備などをおこなっている。

軍政面でも2021年には、コラ半島の付け根にあるムルマンスク軍港に司令部を置く北方艦隊が北部軍管区に昇格し、極地で陸海空の三軍を統合運用する体制が整備された。

ウクライナ侵攻で見えてきたこと

2022年2月24日に、ロシアが突如としてウクライナに軍事侵攻した。侵攻当初、これが1年以上も続くと予想した者はいなかっただろう。結局ロシアは短期決戦に失敗した。

2014年にもロシアはウクライナ領であったクリミア半島に侵攻しているが、このときは3週間足らずで作戦を終えた。プーチンに限らず、世界中が今回も同じ展開になると思っただろう。しかしその目算はまったく狂ってしまった。戦争が長引くことはロシアにとって軍事的にはもちろんのこと、経済・政治的にも大きな痛手を被《こうむ》ることになる。

1979年12月には旧ソ連がアフガニスタンに侵攻、これに反発した西側諸国は、翌年7月に始まったモスクワオリンピックをボイコットするなど、国際社会からソ連を孤立化させた。10年以上に及ぶ戦争は徐々にソ連を疲弊《ひへい》させ、ついにはソ連崩壊の一因となった。

戦争で経済が疲弊したのはソ連だけではない。1975年4月の南ベトナムの首都サイゴン陥落で終結するまで長期にわたって続いたベトナム戦争では、泥沼化する戦局に米国は膨大な戦費をつぎ込むことを余儀なくされた。これは米国経済が行き詰まる原因の1つとなった。1971年8月にニクソン大統領はドルと金《きん》との交換停止を宣言し、ドルの為替相場が急落した。いわゆるニクソン・ショックだ。

ウクライナ侵攻が長引くにつれ、徐々にはっきりしてきたことがある。それは、すでに湾岸戦争（1991年）やイラク戦争（2003年）でも指摘されていたが、旧ソ連・ロシア製武器と西側の最新型武器の性能差だ。

今回のウクライナ侵攻でも、各地で市街戦が展開されている。ここに投入されたロシア軍の戦車や装甲車両の多くが、ウクライナの対戦車ミサイルにやられている。その主役となっているのは、西側が提供した米国製の「ジャベリン」や英国製の「NLAW（エヌロウ）」だ。その市街戦では、ウクライナ軍のスウェーデン製無反動砲「AT-4」が成果を上げている。

またロシア空軍や陸軍航空部隊の活動も、西側から供与された「スティンガー」地対空ミサイル

歩兵用の対戦車兵器ジャベリン
（出典：United States Marine Corps）

ポーランド陸軍のレオパルト2A4戦車（出典：ポーランド陸軍）

に阻まれている。そしてロシアの兵站《へいたん》・補給拠点は、米国製高機動ロケット砲システム「HIMARS（ハイマース）」の攻撃にさらされている。

戦車にしても、西側から供給されるドイツ製の戦車「レオパルト2」は、ロシアの主力戦車に対して性能面で優位に立つ。システム化された武器の性能を左右するのは「火力」「機動力」よりも「電装品」だ。武器も「力の勝負」ではなく「頭の勝負」となる。

力の部分ではロシア製武器も西側製に太刀打《たちう》ちできるが、頭の部分では負けている。ウクライナ軍も旧ソ連体系の武器を装備しているが、ロシア軍の侵攻以降に聞こえてくるのは西側から供与された武器の効果だ。その「頭の部分」も、米国など西側諸国から衛星情報その他の支援を受けている。期せずして受験戦争に放り込まれた秀才だが、強力な家庭教師陣がついていた。

ロシア軍の用兵思想の根底には、旧ソ連のときから「質の差は量で補う」意識があったが、現代のようなIT化・ハイテク化時代の戦争では、システムとしての武器の性能差は量で補うことができない。だからこそロシアは正規戦の傍《かたわ》ら、偽情報や民間軍事会社（PMSC）、ロシア系地域住民などを動員したハイブリッド戦に注力しているともいえる。

2023年時点で、ウクライナ侵攻がどのような形で決着するのか見えていない。紛争の長期化はロシアやウクライナといった当事者だけではなく、周辺諸国はもとより世界にとって好ましいことではない。ただロシアを孤立化させるべきではない。国際社会からロシアを排除することは、ロシアを「窮鼠《きゅうそ》猫を噛《か》む」状態に追いやるばかりではなく、ロシアの天然資源や食糧に依存している各国、とくに経済的な余裕の小さい発展途上国に大きな負担を強いる。

4 日米同盟とNATO

同盟国・同志国の意義

日米同盟の役割——インド太平洋地域安定の礎石

中国の強大化への対応

世界のなかでの日本の安全保障を考えるとき、日米同盟の存在、つまり日本と米国は同盟関係にあることを抜きにはできない。

日米同盟はもともと、第2次世界大戦後の1951（昭和26）年に締結された「日米安全保障条約」、いわゆる安保条約が基本となっている。米国は日本国内に基地を置くことができ、これは日本としても敵国から攻撃に対して抑止力になる。

1960（昭和30）年に新安保条約に切り替わったが、この基本的な関係は一貫して続いている。日米の同盟関係は軍事・安全保障にとどまらず、外交、通商金融、科学技術など幅広い分野にわたっている。

しかし近年、米国の国力が相対的に低下しているという事実がある。とくに中国が経済的にも軍事的にも存在感を増している。近い将来、米国のみで中国と対峙するのは難しくなるだろうし、米国の世論はすでに同盟国・友好国に応分の負担を求めている。

もっともGDPの将来予測は難しい。2020年時点での日本経済研究センターによる予測では、2028年には中国のGDPが米国を上回るとされていた。それが翌年の予測では2033年となった。中国政府によるIT規制の強化が技術革新を阻《はば》むと判断したからだ。さらに2022年には「GDPの米中逆転は起こらない」という予測に変わった。

その主な要因としてゼロコロナ政策、IT規制の強化、台湾有事懸念による貿易減と資本流出、少子高齢化による労働力減少を挙げている。これに加えて、人民元の対ドル為替相場も今世紀初めに見られたような上昇に向かわないと判断している。この為替相場の長期見通しは、中国経済の成長力が相対的に低下するという予測の裏返しでもある。

ただし中国の動向がどうであれ、米国の絶対的な優位が揺らいでいることは事実で、そうなれば同盟国である日本に対してもそれなりの役割を求めるようになる。

これに対して日本はどう応えたらよいのか。日本は米国以上に相対的な、さらには絶対的にも国力の低下が避けられない。したがって当面は日米同盟を基軸にしながら、同志国であるオーストラリア、英国、ドイツなどとの関係を強化していく、という道を探ることになる。

これと並行して、長期的に経済力の足腰を強化するような少子化対策や財政健全化への取り組みは必須である。少子高齢化対策や財政健全化は社会経済政策であると同時に、広く長期的な観点では安全保障政策の根幹でもある。

公共財としての日米同盟

「日米同盟はインド太平洋の公共財である」とよくいわれる。「公共財」とは経済学用語だが、「公共」という言葉の響きから、漠然と「日米同盟は地域の安定に役立っている」という意味で言及されている場合がほとんどだろう。この感覚は誤りではない。

せっかくなので、ここで「経済学的に」公共財としての日米同盟を考えてみよう。

経済学でいう公共財には、「非排除性」と「非競合性」という性質がある。簡単にいえば「タダ乗りは排除できない」し、「ある人の消費が他人の消費量を減らさない＝消費が競合しない」ということだ。

「公共財」の対義語は「私的財」で、我々が日常生活で売買している財・サービスの多くはこれに当たる。

具体的な例を示す。夜中に帰宅する際、玄関が暗いと危ないので玄関灯を点ける。電気代を払っているので、これは「タダ乗り」ではない。玄関灯を点けるための電気は、この家の住人にとって「私的財」だ。

それでは、この家の前を通る人はどうか。暗い夜道で少し不安に思っていたところ、道路脇にある家の玄関灯が点いていた。この通行人は電気代を払っていないので、玄関灯の明かりに「タダ乗り」している。

また玄関灯にタダ乗りする通行人が1人しかいなくても10人いても、それぞれの通行人にとって玄関灯の明るさは同じだ（消費が競合しない）。つまりこの玄関灯は、家路を急ぐ人にとって「公共財」である。

公共財には「正の外部性」をもたらすという特性がある。この玄関灯を点けている人は、べつに

「家の前の通行人に便宜《べんぎ》を与えよう」とは思っていない。あくまで、「自宅の玄関を明るくするため」に電力会社と契約している。そして契約行為の当事者（家の住人と電力会社）以外の人（通行人）にも、当事者が意図しない便益が提供される。これが正の外部性だ。

日米同盟にはこのような性質がある。日米同盟の当事者は日本と米国だが、周辺国には「正の外部性」が働く。日本と米国が協力して防衛力を整備して、「日本国の施政の下にある領域における、いずれか一方に対する武力攻撃」に対して「共通の危険に対処するように行動する」（「日米安全保障条約」第5条）ことは、周辺地域に「正の外部性」をもたらす。

日米同盟による「正の外部性」は排除できないし（非排除性）、ある国がそれを享受《きょうじゅ》しても他の国・地域への「正の外部性」が妨げられるものでもない（非競合性）。これは可視化されることはなく、計量できるものでもない。しかし日米同盟は、確かに「公共財」として機能している。

同じことは、この地域の他の国家間関係にも当てはまる。ANZUS条約（アンザス／米・豪・ニュージーランド）、米比同盟、米韓同盟、QUAD（クワッド／日・米・豪・印）、AUKUS（オーカス／米・英・豪）などである。インド太平洋地域では、これらの国家間関係が複層的に「公共財」を提供している。

ところで公海は航行の自由が保障されており、公共財的な存在である。南シナ海を九段線（第1章の「理解を深める用語と知識」52ページ参照）で囲んで領有権や海洋権益を主張する中国の動きは、公共財を私的財のように利用者を「排除可能」とする動きだ。

インド太平洋におけるNATO——いま、この地域が重視される理由

インド太平洋の安定がもたらす利益

インド太平洋地域のここ数年の動向を見ると、在日米軍に加え、英仏独などNATO加盟国も存在感を高めている。

まず在日米軍は、沖縄の第12海兵連隊を2025年までに「海兵沿岸連隊（MLR）」に改編すると発表した。海兵沿岸連隊とは島嶼《とうしょ》での運用を前提に、小規模であるが各種兵科（対空・対艦・砲兵・兵站など）を併せ持つ2000人規模の部隊だ。同連隊は南西諸島だけでなく、必要に応じてインド太平洋の島嶼に展開することになる。MLRへの改編は、そのような運用構想を踏まえたものである。

一方でNATOもロシアのウクライナ侵攻以降、インド太平洋地域の安定を強く意識するようになっている。2022年6月にマドリード（スペイン）で開催されたNATO首脳会談には、主要パートナー国としてインド太平洋地域から日本、韓国、オーストラリア、ニュージーランドの4か国が参加した。そしてNATOは東京に連絡事務所を開設する方針だ。

こうした動きの背景には、NATO諸国にとってインド太平洋地域の経済面での依存度が高まっていることがある。もちろん、その大きな部分を中国が占めている。2020年2月にEU（欧州連合）を離脱した英国は、翌年同月に経済連携協定である「環太平洋パートナーシップ（TPP）」

への加盟を申請した。

彼らにしてみれば、インド太平洋地域の平和的な安定は、自分たちの経済的利益につながる。中国についても経済大国・交易相手として存在することが望ましい。その経済力が強権的な政治姿勢と相まって排他的な行動に出る、また経済力で強化された軍事力で覇権主義的な行動をとるようなことは未然に防がなければならない。一連のＮＡＴＯの言動は、そうした意思表示と見ることができる。

これら諸国の部隊が一堂に会している場所がある。アフリカ北東部のジブチだ。ジブチはアフリカ大陸とアラビア半島に挟まれた、紅海南端のアフリカ大陸側にある太古からの海上交通の要衝《ようしょう》だ。２００９年頃からこの海域で海賊による被害が頻発し、これに対処するために関係各国が基地を置いて警戒にあたっている。

自衛隊も２０１１年７月、初めてとなる国外拠点をジブチ国際空港内に開設し、海賊対処の警戒監視・護衛をおこなっている。同じ空港には米軍やフランス軍が常駐し、ドイツ、イタリア、スペインも航空部隊を派遣している。このジブチに中国も２０１７年８月に軍事基地を設置した。

余談になるが、ジブチにある日本やＮＡＴＯ各国の拠点・基地は隣接している。そのため互いに他国の基地食堂で食事をとることがある。こういうところでも日本とＮＡＴＯは交流を深めているが、各国の基地食堂のなかで一番人気があるのは自衛隊のもの、つまり日本料理ということだ。なお自衛隊の拠点では現地の人を調理員として雇用し、就労機会の提供にも努めている。

日本に期待される役割

ＮＡＴＯにとって、日本はどのような存在か。それは「同じ価値観を共有する同志国」ということだろう。日本とＮＡＴＯは、基本的価値とグローバルな安全保障上の課題に対する責任を共有するパートナーとして、２０１４年５月に「日本・ＮＡＴＯ国別パートナーシップ協力計画」を策定した。

日本とＮＡＴＯとの関係の進展を表すものとして防衛装備品の共同開発がある。これにはミサイル、通信機、潜水艦の探知システムからレーダーなどの部品まで含む。こうした装備品を共同で開発していこうという協定を、日本は英国、フランス、ドイツ、イタリアなどと結んでいる。最近はスウェーデンも加わるなど、米国だけでなく共同研究開発を通して欧州各国とも軍事面での関係を深めている。

インド太平洋地域で日本とＮＡＴＯ加盟国との協力が進むなか、今後の課題は、宇宙・サイバー分野での協力だろう。これからの戦争において、軍事行動と並行して情報戦が重要な役割を担うことを考えれば、この分野での協力の重要性はますます大きくなる。また宇宙・サイバー分野は、地理的な距離が障害とならない。

「日本・ＮＡＴＯ国別パートナーシップ協力計画」にも宇宙・サイバー分野は、海上安全保障・テロ対策・人道支援／災害救援などとともに「グローバルに取り組む必要のある課題」となっている。とくにサイバー防衛は「協力の優先分野」とされている。

ところで英国、フランス、ドイツ、イタリアなどの国々にとって、超大国である米国は頼りになるが、合意形成の過程で米国の意向に引きずられることも少なくない。

かつてコソボ紛争（1998~99年）の際には、軍事介入を主張する米国とNATO域外での軍事行動を認めない欧州各国とで見解に温度差があった。このときは米国・英国が押し切る形でコソボ空爆が実行されている。ちなみにこの折には、米空軍による在ベオグラード中国大使館への誤爆（1999年5月）が生じ、空爆に反対していた中国が米国を激しく非難した。

今後も米国と欧州諸国との間で意見が割れる場合があるだろう。「自由・民主主義、基本的人権、法の支配、市場経済」などの普遍的な価値観を共有するとはいえ、米国と欧州の間には伝統や文化に根差した考え方の差異がある。

そのようなときに、欧米とは地理的・歴史的に距離を置く日本が間に立つことで国際的な意見の集約が期待できる。その好例が、2018年6月にカナダで開催されたシャルルヴォワG7サミットだ。

貿易問題で関税・非関税措置・補助金などについて米国と欧州の間で意見がまとまらないなか、米国のトランプ大統領から「シンゾー（安倍晋三首相）に従う、あとはまとめてくれ」との発言があったと報じられた。

これは安倍首相とトランプ大統領という個人的な関係も大きく作用したであろうが、経済力ではこれまでと同じような貢献が難しい日本に求められる役割の一端が垣間見られた出来事だった。

理解を深める用語と知識〈第1章〉

1 朝鮮半島

戦時作戦統制権

半島有事の指揮権は誰が持つのか

韓国軍に対する作戦統制権は戦時と平時に区分されており、戦時には在韓米軍司令官を兼ねる米韓連合司令官が行使する。韓国軍に対する作戦統制権は、1950年6月の朝鮮戦争勃発直後に韓国大統領から国連軍司令官に委譲《いじょう》され、1978年の米韓連合司令部の創設時にあらためて米韓連合司令官に委譲された。

平時作戦統制権については1994年に韓国側に返還されたが、戦時作戦統制権はそのまま米韓連合司令官（在韓米軍司令官）が保持している。

手続きとしては、戦時となって韓米両国政府の承認の下で高度な防衛準備状態（デフコン3）が発令された場合、指定された韓国軍に対する作戦統制権は自動的に米韓連合司令官に移管される。

初の海上警備行動（1999年3月）

不審船が領海侵犯したら、どう対応する？

1999（平成11）年3月23日、日本海で警戒監視飛行をしていた海上自衛隊のP-3C哨《しょう》戒機《かいき》が、能登《のと》半島沖領海内を航行する不審な船舶2隻を発見した。海上保安庁の巡視船が威嚇《いかく》射撃を実施すると2隻の不審船は逃走を始めた。しかし巡視船では対応が困難となったことから、翌24日未明に防衛庁長官は自衛隊創設以来初めてとなる「海上警備行動」を発令した。

これは「自衛隊法」第82条に基づく行動で、

そこでは「防衛大臣（引用註：当時は防衛庁長官）は、海上における人命若《も》しくは財産の保護又は治安の維持のため特別の必要がある場合には、内閣総理大臣の承認を得て、自衛隊の部隊に海上において必要な行動をとることを命ずることができる」と定められている。

護衛艦が停船命令・警告射撃、P-3Cは対潜爆弾で警告爆撃をおこなったが、不審船は日本の防空識別圏を越えて逃走を続けた。海上警備行動は同日午後3時30分に終結し、追跡は中止となった。

この事件では海上保安庁の巡視船艇15隻・航空機12機も動員され、北朝鮮のものと思われる航空機の行動もあったことから、航空自衛隊のE-2C早期警戒機やF-15戦闘機も警戒に当たった。日本政府はさまざまな情報から、不審船は北朝鮮の工作船と判断して北朝鮮に抗議した。

2 中国

九段線と第一・第二列島線

中国が主張する海洋権益の範囲とは

九段線とは、1953年に中国が南シナ海にある島嶼《とうしょ》の領有権、排他的経済水域（EEZ）や大陸棚《だな》などの海洋権益を主張するために、南シナ海を囲む形で地図上に引いている、破線状に並んだ9個の線。フィリピンの仲裁要請を受

図表5 中国の主張する権益

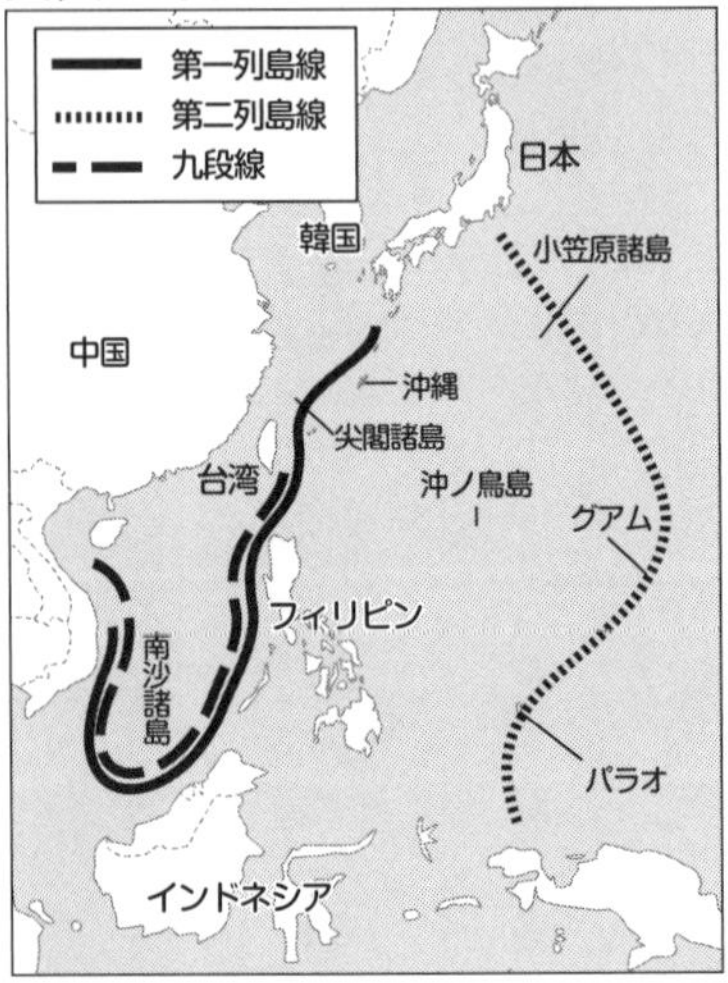

けたハーグにある常設仲裁裁判所は、2016年7月に「中国の九段線の主張には法的根拠がなく、国際法に違反している」と判断している。

この海域は豊かな漁場があり、ベトナムやマレーシアの漁船が操業しているが、中国の漁業監視船との衝突が絶えない。また海底油田があると見られている。

第一列島線・第二列島線とは、中国が勢力圏確保を目的に設定した海上防衛線。第一列島線は九州から南西諸島、台湾、フィリピン、ボルネオ島を結ぶ。中国の海空軍は台湾有事などの際には、この線より内側への米海軍艦艇の侵入を阻止して制海権・制空権の確保を目指している。第二列島線は伊豆諸島、小笠原諸島、グアム・サイパン、パプアニューギニアに至る。第二列島線海域では、中国による海洋調査が活発におこなわれている。グアムと台湾・沖縄を結ぶ線上には日本の沖ノ鳥島とそれに付随する日本のEEZがあるが、EEZ内では外国による海洋調査は制約を受けることから、中国は「沖ノ鳥島は岩礁《がんしょう》であり島ではない（よってEEZは付随《ふずい》しない）」と主張している。

中国は第二列島線を含む海域への戦力投射能力をはじめ、より遠方の海空域での作戦遂行能力の構築を目指している。

尖閣諸島巡視船衝突事件（2010年9月）
領海をめぐる中国との摩擦の実態とは

2010（平成22）年9月7日、尖閣諸島沖を警戒中だった海上保安庁の巡視船が日本領海内で違法操業中の中国漁船に退去命令を出した。しかし漁船はこれを無視したうえに巡視船に体当たりを実行。公務執行妨害で逮捕された漁船の船長は、取り調べを受けた後の同月25日未明、中国側が用意したチャーター機で中国に送還された。

この間に中国政府は北京駐在日本大使を呼び

出して抗議し、各種の日中政府間交流の停止・延期と日本向け旅行客の規模縮小を決定した。

さらに中国で事業を展開する日本企業に対して罰金を科したり、日本企業社員の身柄を拘束した。また日本に輸出するレアアースの通関業務を差し止めた。

それまでも中国漁船による領海侵犯・違法操業はたびたび起こっていたが、この事件は南西諸島方面における警戒監視体制の強化が必要であることを改めて認識させた。そして民間企業も、いわゆる「中国リスク」を意識するようになった。

3 ロシア

M·i·G-25事件（1976年9月）
亡命機が防空体制の穴を顕在化させた

1976（昭和51）年9月6日の午後、ソ連空軍のMiG-25戦闘機が函館《はこだて》空港に強行着陸し、操縦していたベレンコ中尉は米国への亡命を希望した。MiG-25は当時、「世界最高速・最高性能を誇る戦闘機」といわれ、米国が生産・配備中だったF-15も、MiG-25に対抗することを目標に開発された。

飛来したMiG-25（ベレンコ機）は日米共同で調査された。当時すでに西側では、軍用機の機体素材に、軽量だが高度な加工技術を要するチタン合金が取り入れられていた。しかしMiG-25にはチタン合金ではなく、加工は容易だが重いステンレス鋼板が多用されており、電子機器も西側に比べて旧式であることが判明した。なお機体は11月にソ連に返還されている。

ベレンコ機が日本領空に近づいてきた時点で、航空自衛隊のF-4戦闘機が緊急発進したが、ベレンコ機が超低空を飛行したことから見失い、地上レーダーでも捕捉《ほそく》できなかった。そこで事件後に、レーダー警戒網の穴を埋めるため早期警戒機E-2Cが導入された。

亡命してきたのが最高機密の軍用機だったことから、機体破壊のためにソ連が攻撃機や特殊工作員を送り込んでくる可能性が払拭《ふっしょく》できなかった。また領空侵犯、空港管理、事件対処、出入国管理、外交などを所管する関係省庁間の連携に課題を残した。

大韓航空機撃墜事件（1983年9月）

なぜ民間機が戦闘機に撃墜されたのか

1983年9月1日の深夜、航空路を逸脱《いつだつ》した大韓航空のB-747旅客機（KE007便）がカムチャツカ半島のソ連領空を侵犯した。

航空路を外れたまま飛行を続けた同機は、樺太《からふと》西側のソ連領空を通過中、ソ連防空軍のSu-15戦闘機が発射した空対空ミサイルで撃墜された。乗員・乗客合わせて269名の全員が死亡、主な内訳は韓国人105名、米国人62名、日本人28名だった。

自衛隊が傍受《ぼうじゅ》していたソ連の戦闘機と地上との交信記録は、ソ連による民間航空機撃墜の証拠として日本政府から米国政府に提供された。

この交信記録は9月6日に国連安全保障理事会で公表され、後にソ連のグロムイコ外務大臣が大韓航空機の撃墜を認める声明を発表するきっかけとなった。

なお韓国の国連加盟は1991年であり、このときの韓国は国連非加盟国だった。

1993年に運用が始まったGPS（全地球測位システム）は、当初軍事用として開発されていた。しかし大韓航空機が航空路を外れたことに気づかなかったことが事件の遠因であったことから、米国のレーガン大統領は開発中のGPSを民生用途にも開放することを表明した。

4 日米同盟とNATO

集団的自衛権と集団安全保障

どんな違いがあるのか

外国による武力攻撃から守る「個別的自衛権」

は、主権国家が有する国際法上の権利として認められている。

　これに対して「集団的自衛権」とは新しい概念で、ある国家が武力攻撃を受けた場合、攻撃を受けていない第三国も共同で防衛対処する国際法上の権利であり、「国際連合憲章」第51条に定められている。日米安全保障体制や北大西洋条約機構（NATO）はこれに該当《がいとう》する。

　「集団安全保障」はこれと異なり、国家連合のある加盟国が他国に対して侵略などをおこなった場合には、ほかの加盟国が協力して強制措置を講じる国際安全保障体制のことを示す。1920年に結成された国際連盟や、現在の国連は集団安全保障の実施機関である。しかし体制内での利害が対立すると、国際連盟では主要国の脱退が相次ぎ、国連では常任理事国による拒否権発動がおこなわれているのが実態で、ともに集団安全保障が十分機能しているとは言い難い。

日印戦闘機の共同訓練（2023年1月）
日本にロシア戦闘機が飛来した事情とは

　2023（令和5）年1月に航空自衛隊とインド空軍が、航空自衛隊・百里《ひゃくり》基地を拠点に初めてとなる戦闘機共同訓練を実施した。この訓練は2022（令和4）年3月にデリーで開催された日印首脳会談、同年9月に東京で開かれた日印外務・防衛閣僚会合（「2＋2」）で合意して実現した。日印双方の戦術技量の向上、航空自衛隊とインド空軍間の相互理解の促進および防衛協力の深化を目的としている。

　参加した戦闘機は、航空自衛隊からF－2×4機、F－15×4機、インド空軍からはSu－30MKI×4機だった。とくに航空自衛隊にとって、ロシアが開発したスホーイ戦闘機（Su－30MKI）との訓練は貴重な機会となった。なおインド空軍が配備するSu－30MKIは、インドでライセンス生産されている。

第2章
防衛の最新問題を根源から理解する

主権者の第一の義務は、その社会を、ほかの独立社会の暴力と侵略から守るということだが、これは軍事力によってのみ果たすことができる。しかしながら、平時にこの軍事力を整えるとともに、戦時にこれを用いるための経費は、社会の状態が違い、その進歩の段階が違うにつれて、おおいに変わってくる。

アダム・スミス『国富論』第5篇（1776年）

1 安全保障三文書

それぞれ何が記されているのか

安全保障戦略の変遷――軍事機密から国民に開示される時代へ

ルーツは「帝国国防方針」

2022（令和4）年12月に「国家安全保障戦略」「国家防衛戦略」「防衛力整備計画」の、いわゆる「安全保障三文書」が閣議決定された（図表6）。「国家安全保障戦略」では、外交・防衛・安全保障戦略の基本方針を示し、「国家防衛戦略」で、その基本方針に基づいて日本の防衛政策の目標を示し、さらに「防衛力整備計画」は、より具体的に部隊編成・防衛費・装備品調達の規模を規定する、という構成になっている。

防衛は司法や警察・消防などとともに、国家にとっての基本的な機能だ。これら公共財は市場が成り立たないので、政府が国民に対してサービスを提供する責務を負う。つまり三文書は、この政府の基本的な機能の方針を示すものだ。これは最近になって始まったものではない。古くは、戦前に4回にわたって策定された「帝国国防方針」「帝国国防ニ要スル兵力」に遡《さかのぼ》ることができる（図表7）。これは日本周辺の国際情勢から「仮想敵国」を想定して、それに対抗し得る軍備を整えるという内容のものだった。

図表6　安全保障三文書の策定

旧文書	想定期間	策定時期		新文書 令和4(2022)年 12月策定	想定期間
国家安全保障戦略	10年	平成25(2013)年12月	→	国家安全保障戦略	10年
防衛計画の大綱	10年	平成25(2013)年12月	→	国家防衛戦略	10年
中期防衛力整備計画	5年	平成30(2018)年12月	→	防衛力整備計画	10年

図表7　「帝国国防方針」「帝国国防ニ要スル兵力」の変遷

策定時期	上段:関連事項 下段:仮想敵国	上段:陸軍兵力(師団数) 下段:海軍兵力(主要艦艇数)
明治40(1907)年4月	日露戦争終結 露、次いで米仏独	平時25個師団、戦時50個師団 戦艦8隻、装甲巡洋艦8隻
大正7(1918)年6月	第1次世界大戦 露米中の順	戦時40個師団 同上＋その他主力艦8隻
大正12(1923)年2月	ワシントン会議 米、次いで中露	戦時40個師団 主力艦9隻、空母3隻
昭和11(1936)年6月	軍縮条約失効 米ソ、併せて中英	常設20個師団、戦時50個師団 主力艦12隻、空母10隻

註:師団とは陸軍の作戦単位で、1〜2万人の兵士で構成される。歩兵・砲兵・騎兵・工兵・兵站(補給)の各種部隊を擁している。自衛隊の師団は小規模で、隊員数は6千〜8千人。「巡洋戦艦」という艦種は大正元年8月に制定され、それまでは「装甲巡洋艦」。戦艦と巡洋戦艦を合わせたものが主力艦。

出所:防衛庁防衛研修所戦史室編『戦史叢書 陸軍軍戦備』(朝雲新聞社、1979年)、防衛庁防衛研修所戦史室編『戦史叢書 海軍軍戦備1 昭和十六年十一月まで』(朝雲新聞社、1969年)より作成。

図表8　「国防の基本方針」（昭和32年5月20日閣議決定）に記載された項目

- 国際連合の活動を支持し、国際間の協調をはかり、世界平和の実現を期する。
- 民生を安定し、愛国心を高揚し、国家の安全を保障するに必要な基盤を確立する。
- 国力国情に応じ自衛のため必要な限度において 効率的な防衛力を漸進的に整備する。
- 外部からの侵略に対しては、将来国際連合が有効にこれを阻止する機能を果たし得るに至るまでは、米国との安全保障体制を基調としてこれに対処する。

その性格から「最高の軍事機密」とされ、関係するのも首相、陸海軍大臣、参謀総長、海軍軍令部長（後に軍令部総長に改称）などだけだった。つまり軍部のなかで閉じた国防方針・兵力整備計画だった。ただ１９０７（明治40）年の「帝国国防方針」「帝国国防ニ要スル兵力」の策定過程では、財政当局との調整があった。しかし政府全体で責任を負う意味での調整ではない。

「国防の基本方針」から「安全保障三文書」へ

戦後には防衛政策の方針として、１９５７（昭和32）年5月「国防の基本方針」が閣議決定され公表された（図表８）。国防は所管省庁の枠を超えた政府全体で取り組むべき問題であり、その方針は世論の評価・批判を受ける必要がある。「国防の基本方針」は閣議決定されたことから全閣僚が関与しており、公表されたことで透明性が担保されたといえよう。

ただその内容は箇条書きの4項目だけであり、戦後初めて防衛政策の方針を定めるに当たっての暗中《あんちゅう》模索《もさく》ぶりを感じ取ることができる。

「国家安全保障戦略」は、「国防の基本方針」を改める形で２０１３（平成25）年12月に閣議決定・公表された。それまでの「国防」

から、広く「国益を守り、国際社会において我が国に見合った責任を果たすため」の指針と位置づけられている。項目には国際社会の安定に向けた開発途上国支援やエネルギー問題への取り組みが含まれており、理念としては1980（昭和55）年7月に首相の下に設置された有識者研究会がまとめた「総合安全保障戦略」（第2章「理解を深める用語と知識」110ページ参照）に近いものが感じられる。

「国家防衛戦略」は従来の「防衛計画の大綱」に代わるもので、自衛隊の体制や防衛力の目指す方向性について大枠を示す。3つ目の「防衛力整備計画」もこれまでの「中期防衛力整備計画」（中期防）を廃して新しく策定された文書で、中期防では5年程度の期間を見据えた計画となっていたが、「防衛力整備計画」ではそれが「国家安全保障戦略」「国家防衛戦略」に合わせた10年となった。

防衛装備品の開発には長い時間がかかる。例えば日英伊の3か国共同開発となった次期主力戦闘機は、開発が始まったのが2020年で配備開始は2035年からの予定である。戦闘機に限らず、主要防衛装備品は構想段階から数えると、生産・配備が実現するまで10～20年を要することは珍しくない。このため長期的な視野で整備計画を立てることは合理的な対応だ。

安全保障三文書の概要——どんな違いがあるのか

「国家安全保障戦略」

「国家安全保障戦略」は、日本の安全保障に関する最上位の政策文書である。外交・防衛に加えて、経済安全保障、技術、サイバー、情報などの国家安全保障戦略に関連する分野の政策に戦略的指針を付与するものとなっている。

そのなかでは、国益を定義し、日本周辺の安全保障環境を分析したうえで、我が国の国家安全保障上の目標として、主権と独立の維持、内政・外交の自主性確保、領域と国民の生命・身体・財産の保護が挙げられている。

また安全保障に関わる国力の構成要素に、外交力・防衛力・経済力・技術力・情報力を挙げ、戦略的なアプローチには危機を未然に防ぐ外交努力、防衛体制の強化、米国との協力、全方位的な各種取り組み（サイバー、海洋、宇宙、技術、国民保護、資源確保など）の強化、経済安全保障政策の促進、国際社会が抱える問題への対処などについて述べられている。

この「防衛体制の強化」のなかでは、反撃能力の保有についても触れている。

文書の性格から、全体として広く網羅的に項目が列挙されている。しかし最後にある「我が国の安全保障を支えるために強化すべき国内基盤」では、対象が「経済財政基盤、社会基盤、知的基盤」の3つに絞られている。コロナ禍やウクライナ侵攻で明らかとなった供給網の脆弱《ぜいじゃく》性や厳しい財政事情、安全保障に関する地方自治体も含めた官民協力、産官学協力などがこれに当たる。

「国家防衛戦略」

「国家防衛戦略」は防衛の目標を設定し、それを達成するための方策と手段を示す文書だ。まず日本を巡る戦略環境・軍事動向を分析したうえで、防衛上の課題をウクライナ侵攻のような力による一方的な現状変更はインド太平洋地域でも起こり得るとする。そのうえで日本の課題を、多くの島《とう》嶼《しょ》を抱えて資源や食糧を海外からの輸入に依存していること、さらに自然災害が多発することも挙げている。

防衛の基本方針としては我が国自身の防衛力による対応と、日米同盟による共同抑止・対処、そして新しく「同志国等との連携」が項目として入っている。同志国は明確に定義されていないが、「FOIP（自由で開かれたインド太平洋）というビジョンの実現に資する取り組みを進めていく」相手であるといえよう。具体的にはQUADを組むオーストラリアとインドの他に、英国、フランス、ドイツ、イタリアなどの国々になろう。ただしこの傍《かたわ》ら、「中国やロシアとの意思疎通《そつう》についても留意していく」とあり、中露への働きかけは欠かせないという考え方が示されている。

防衛力の抜本的な強化に当たって重視する能力には、「スタンド・オフ防衛能力（敵の射程圏外から攻撃できる能力）」「統合防空ミサイル防衛能力」「無人アセットの防衛能力（無人航空機などの活用を拡大し、実践的に運用する能力）」「領域横断作戦能力（基本となる陸・海・空に加え、宇宙、サイバー、電磁波などの領域を横断して運用する能力）」「指揮統制・情報関連機能」「機動展開能力・国民保護」「持続性・強靱《きょうじん》性（十分な弾薬・燃料などの確保）」の7つを指摘している。

これに加えて防衛生産・技術基盤、人的基盤も、防衛力の不可欠な要素として維持・強化の必要性が記されている。

「防衛力整備計画」

自衛隊の編成や装備品の研究開発・調達に関して、「国家防衛戦略」が総論とすれば、「防衛力整備計画」は各論に相当する。まず「国家防衛戦略」で防衛力の抜本的な強化に当たって重視するとされた7つの能力のそれぞれについて、具体的な装備品名、組織名を挙げて整備する方針が示されている。

そのなかで宇宙領域に係る組織体制・人的基盤を強化するために、宇宙航空研究開発機構（JAXA）との連携強化が謳《うた》われている。JAXAとの協力推進は、「中期防衛力整備計画（平成31〜35年度）」（31中期防）にもあり、これを引き継ぐ形となっている。JAXAの持つ宇宙に関する技術や知見・経験は日本においては極めて貴重で、宇宙空間が関わる安全保障を考えるうえでも不可欠であることの証左でもある。

続いて自衛隊の体制、日米同盟の強化、同志国等との連携についての記述が続く。自衛隊の体制では、陸海空ともにスタンド・オフ防衛部隊、宇宙・サイバー・電子戦に関する部隊、無人アセット運用部隊を新編するとされている。また航空自衛隊は宇宙作戦能力を強化し、航空宇宙自衛隊に改称するとしている（第2章の「理解を深める用語と知識」116ページ参照）。

そして最後に「防衛生産・技術基盤」と「人的基盤」強化についての記述がある。この点も「国家防衛戦略」と同じだ。防衛生産・技術基盤に向けては、リスク対応などへの企業取り組みを財政・金融面で支援するとしている。人的基盤については、勤務環境の改善や年齢、家庭状況に応じた能力発揮の環境を整備するとされている。

ウクライナ侵攻が与えた影響

各文書でも触れているように、ロシアによるウクライナ侵攻は三文書の策定に大きな影響を及ぼしたものと考えられる。かつてウクライナとロシアは友好国だった。ゼレンスキーの前々任者にあたるヤヌコーヴィチ大統領は親露派で、両国の関係は良好だった。そのような関係にあった両国も、2014年2月に始まったロシアのクリミア半島侵攻を経て、2022年2月には全面戦争に至っている。

「国家安全保障戦略」では、我が国に脅威が及ぶ場合も、これを阻止・排除し、かつ被害を最小化させつつ、我が国の国益を守るうえで有利な形で終結させること、とされている。これは有事を時間的に「点」としてではなく「線」として捉えたものだ。

ウクライナ侵攻でも明らかなように、有事そのものは時間軸を有しており、どのような形で終息するかわからない。有事終結に際しても自国に有利な形でないと、堀を埋められた「大坂冬の陣の和睦《わぼく》」の二の舞いになりかねない。これは前の「国家安全保障戦略」にはなかった視点で、大きな特徴といえる。

もう1つ特徴的なことが、戦略的なアプローチを実施する際の総合的な国力に、伝統的な外交力・防衛力・経済力・技術力に加えて、「情報力」が挙げられたことだ。日本はこれまで、官公庁だけではなく民間企業も「情報発信が苦手」といわれてきた。「沈黙は金」という文化の日本では、広報活動などで「自らをよく見せたり自己弁護するのを潔《いさぎよ》しとしない」価値観があった。しかしこのような考え方は世界標準ではない。

ロシアによる侵攻開始直後に、ウクライナは国際世論を味方につけることに成功した。これが戦場におけるウクライナの予想外の善戦につながっていることは間違いない。日本においても、万が一の有事の際に国外から有形無形の支援を受けるべく、「国力たる情報力」の強化が強く望まれる。

2 防衛費増額

いま、本当に議論すべき理由

ミクロの視点――戦力比を決定づける条件とは

前述した「国家安全保障戦略」では、防衛関係予算を２０２７年までにＧＤＰ（国内総生産）比２％規模に増額することを明記している。防衛費増額についてはさまざまな議論があるが、ここではミクロの視点、マクロの視点、２つの側面から見てみよう。

軍事力は兵員や車両・艦艇・航空機などの装備品、各種施設や弾薬・燃料などの消耗品備蓄等々の量と質で決まる。こうして構成される彼我《ひが》の戦力比較は、極めて複雑かつ困難である。そこで換算レートの問題などがあるものの、国防支出が戦力比較の代用変数として用いられることが多い。現在、中国の国防支出は日本の４・８倍となっている（令和4年度版『防衛白書』）。この意味をミクロの観点から掘り下げて考えてみよう。

ランチェスターの法則（戦力自乗比例の法則）

軍の戦闘能力比較について、ランチェスターの法則というものがある。英国の自動車工学・航空工学の技術者であったフレデリック・ランチェスターが１９１６年に発表したものだ。簡単にいえば「戦力は兵力量の自乗に比例する」。具体的な数字で例示してみる。

図表9　日本・中国・米国の防衛費の推移

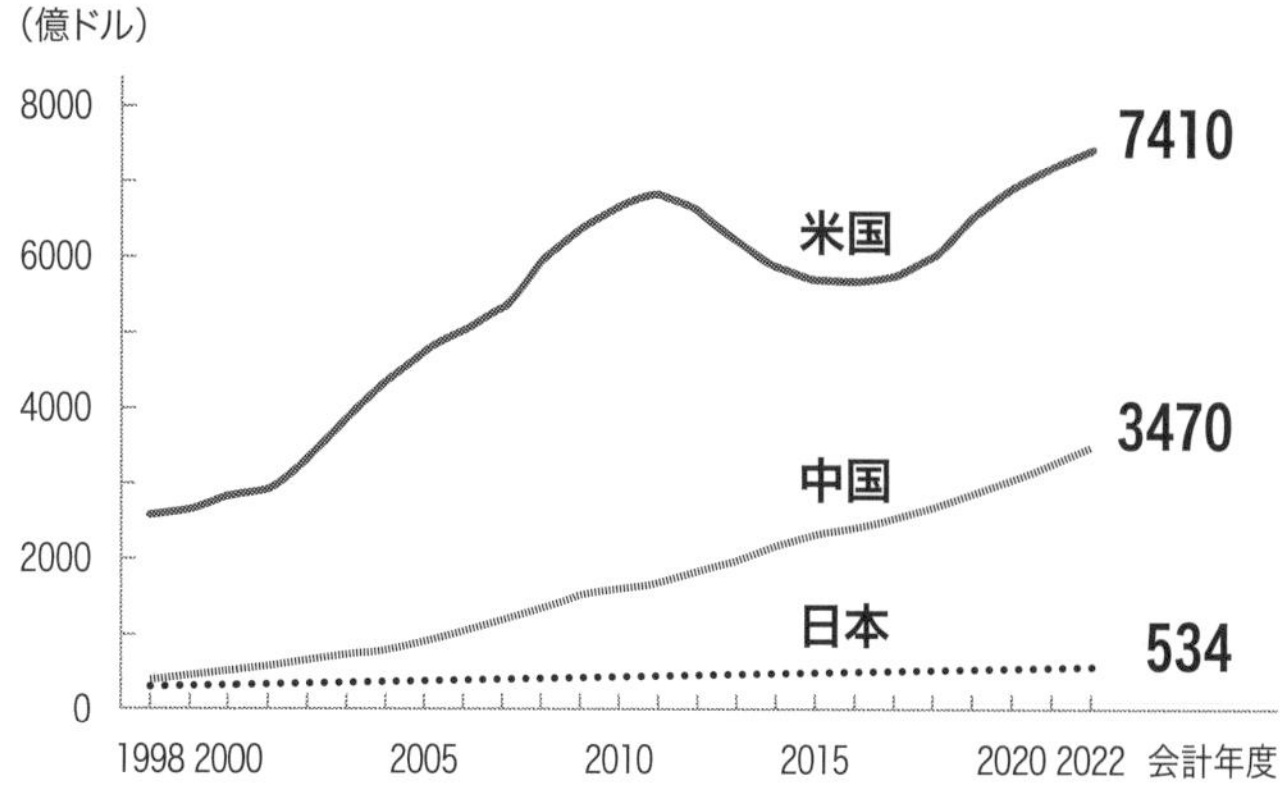

（防衛省の資料を基に作成）

A軍は5両の戦車を持ち、B軍は4両持っているとする。この場合、兵力量比は「5：4」だが戦力比は「25：16」になる。その根拠は以下のとおりだ。

B軍の戦車1両に向けるA軍の攻撃力は「5÷4＝1.25」両分となる。逆にA軍の戦車1両に振り向けられるB軍の攻撃力は「4÷5＝0.8」両分だ。つまりA軍とB軍の各戦車が直面する戦力比は「1・25対0・8」、両辺に20をかけると「25対16」となり、両軍の戦車保有数の自乗に等しくなる。

B軍が全滅したときにA軍に残っている戦力は「25−16＝9」で、これを戦車の数にするには平方根をとって3両となる。

これはあくまで理論上の話であり、実際の戦力は防衛費に比例対応するものではないことを承知のうえで、日本と中国の戦力を比較してみよう。

中国の防衛費は、日本の4・8倍。これを兵力比の代用変数と見るならば、戦力比は約23倍となる。中国の国防支出が現状維持で、日本が防衛費をGDPの1

%から2%へと2倍に増やしても、日中間には戦力比にして5・8倍の開きがある。日本が防衛費を増やすには数年を要するだろうし、この間の中国の国防支出が現状維持ということはない。要するに日中間の戦力比は静的なものではない。

そもそもIMF（国際通貨基金）の予測では、2023年の中国のGDPは日本の4・4倍である。量的な格差を可能な限り縮小させることは必要であるが、それだけでは不十分だ。

鍵は生産性の向上

物やサービスを生産する能力は、一般に「生産性×生産設備×労働力」となる。これは防衛力というサービスの生産でも同じである。

防衛費増額の目的は、「防衛力強化＝防衛力というサービスの生産能力の向上」であるため、「生産性」「装備品（生産設備）」「隊員（労働力）」をそれぞれ増加・向上させる必要がある。ただし隊員数は防衛費とは別の要因（国家公務員の総定数など）で決まるので、防衛費が直接関わることができるのは、生産性の向上と装備品の増大となる。

隊員数の増加が見込めないなかでの装備品増大は装備品の省人化が不可欠となるが、この装備品省人化は生産性の向上に該当する。さらに生産性の向上には、省人化に加えて既存の装備・人員の運用効率を飛躍的に向上させる新領域（宇宙、サイバー、電磁波）に関する支出が含まれる。

このように考えると、今後の防衛費の増額、そして防衛力向上の鍵は「生産性の向上」にあることがわかる。この具体的な施策としては、以下の4点が挙げられる。

①運用面・組織面・制度面での徹底した効率化・合理化
②技術優位の確保
③従来型装備品（戦闘車両、艦艇、航空機、支援機材など）の省人化推進
④新領域（宇宙、サイバー、電磁波）での優勢確保

これらのなかで、ランチェスターの法則との関係で重視すべきは「④新領域での優勢確保」だ。ランチェスターの法則（戦力の自乗比例の法則）は、3次元空間で当てはまる。「サイバー」や「電磁波」は3次元空間とは異なる領域であり、「宇宙」も地球上の3次元空間（陸海空）にとって、異なる空間といってよい。

新領域での戦力比は兵力量の3乗・4乗に比例する可能性を秘めている。3次元空間と異なる新領域で優勢を獲得すると、3次元空間の劣勢を補うことができるだろう。

2022年2月24日に始まったロシアによるウクライナ侵攻では、陸上兵力で4倍、航空兵力で11倍、海上兵力では比較できないほどの優位にあるロシア軍が苦戦している。これは西側からの武器・弾薬の支援もさることながら、宇宙・サイバー・電磁波の領域において、ウクライナ軍が欧米各国政府・軍に加えて民間企業も含めた支援を受けて優位に立っていることも影響している。

逆にいうと新領域で優勢を確保できない場合には、相手との戦力格差が3乗・4乗で広がることを意味している。そのような事態は絶対に避けなければならない。

マクロの視点——国家予算のなかで、どう位置づけるか

安全保障関連の予算

２０２２（令和４）年12月の「国家安全保障戦略」で、防衛費はＧＤＰ比２％を目指すと明記されたが、日本では長らく防衛費はＧＤＰ比１％が１つの基準になっていた。これは１９７６（昭和51）年、三木内閣のときに閣議決定された数字だ（第２章の「理解を深める用語と知識」111ページ参照）。

これをＮＡＴＯに準じた形で見るとどうなるか。参考値を図表10に示す。

防衛省当初予算は５兆円超で、ＧＤＰの１％弱となっている。

ＮＡＴＯの基準では、国防支出の人件費には財政から支出される退役軍人・文官職員に対する年金・恩給が含まれる。日本の年金制度の国庫負担分や、旧軍人遺族等への恩給費がこれに該当する。

またＮＡＴＯでは、「内務省部隊、国家警察、沿岸警備隊など」の支出は、軍事訓練を受け、軍事力として装備され、軍の直接の指揮下で活動する場合にのみ国防支出として計上される。日本の海上保安庁がこのＮＡＴＯの基準に適合するかどうかは別として、参考

図表10　令和3年度の各予算

予算の区分	予算金額	GDP比
防衛省当初予算	5兆3,235億円	0.97%
海上保安庁当初予算	2,231億円	0.04%
旧軍人遺族等恩給費	1,300億円	0.02%
国連PKO分担金	約580億円	約0.01%
防衛省補正予算	7,738億円	0.14%
海上保安庁補正予算	373億円	0.01%

註：令和3（2021）年度のGDPは：550.5兆円

のために表には海上保安庁の予算も含めてある。

令和4年1月の記者会見で、岸防衛大臣が日本はNATO加盟国ではないので、NATO基準による経費の整理はしていないと前置きしたうえで、「恩給費やPKO関連経費、海上保安庁予算など安全確保に関わる経費を含め、簡単な方法で機械的に試算をいたしますと、いわば安全保障に関連する経費の水準の対GDP比は、2021年度当初予算（令和3年）案と、2021年の補正予算の合計で、おおむね1・24％になるものと考えています」と述べている。

投資としての防衛装備品調達

政府は各種行政サービスを供給しており、軍や自衛隊はそのなかの「国防」というサービスを提供している。車両・艦艇・航空機などの装備品は、そのための生産設備であると考えるのが自然だろう。

対領空侵犯を例にとると、操縦士・整備員・管制官などが同一であっても、戦闘機が旧式（例えばF-4戦闘機）か新型（例えばF-35戦闘機）かで、発揮できる戦力は大きく異なってくる。この戦力差は戦闘機の性能差によるものであるから、直観的に「戦闘機はサービスを生んでいる」と理解できる。いま一度、「生産性×生産設備×労働力」の関係を思い出してほしい。

ところが意外なことに、防衛装備品が「国防というサービスを生む」とされたのは最近のことだ。これは日本の問題ではなく、国際的な統計基準がそうだった。国連やIMF・世界銀行・OECD（経済協力開発機構）・EU（欧州連合）などが共同して定めるGDP統計の国際基準（SNA）では、2009年まで武器を消耗品と捉え、軍艦や軍用機を設備とは見ていなかった。他方で商船や旅客機は設備だった。

これはどういうことか。航空会社が運航する旅客機は「設備」なので、その減価《げんか》償却《しょうきゃく》分は航空会社が生産する「航空輸送サービス」に計上される。しかし戦闘機は「消耗品」なので、減価償却はされず「国防サービス」に計上されることもない。

考え方の問題だが、この根底には「破壊や殺傷の道具である武器は付加価値を生まない」という認識がある。古くからある、「大砲かバターか」の議論だ。ただし現在では「長期にわたって利用される装備品は国防というサービスを生産する設備」と認識されている。日本では、防衛に関係する減価償却の値は内閣府ホームページの「GDP統計」欄で公表されている。

ちなみに弾薬やミサイルは消耗品のままだ。ミサイルで「資産計上」されるもの、つまり減価償却分が「国防サービス」として計上されるのは大陸間弾道弾（戦略核ミサイル）だ。

防衛費に関連する諸問題——見落とされがちな論点

隊員数と省力化

前述したように、行政サービスは「生産性×生産設備×労働力」で生み出される。生産設備については前項で述べたとおりだ。

一方、昨今の防衛費に関わる議論には、隊員数に関する話がやや後ろに下がっている感がある。民生品の生産でも、設備を増設したら、労働者も増やさないと生産力を上げることはできない。防衛費も同じで、設備・装備品の増加とともに、労働者・隊員を増やすことも同じ比重で議論の俎上《そじょう》に載ることが好ましい。

では「労働力（隊員）」をどうするか。結論からいえば、少子高齢化が進むなか、自衛隊員の数を増やすのは実際問題として難しい。とにかく省力化を進めていく、省力化に投資していくしか手はない。

1つ例を挙げよう。海上自衛隊のもがみ型護衛艦（FFM）は乗員約90名だ。一世代前のあぶくま型護衛艦の乗員数が120名ほどだったので、約4分の1の省力化が実現されている。また同規模の他国海軍艦艇に比べても、乗員数は少ない。

ただし、これはよいことばかりではない。戦闘時に被害を受けた場合のダメージコントロール（例えば火災の消火など）には人手が必要となる。省力化で人数が減っている場合、被害を受けた際のダメージコントロールは従来どおりにはいかない。

乗員数90名と省力化が進んだ護衛艦もがみ（出典：防衛省）

防衛費の調達手段

企業が資金調達をする場合、運転資金は短期の銀行借り入れを利用する。これは仕入れた原材料・部品を加工・販売して資金が回収できるまでの期間が短いためだ。

しかし生産設備となると耐用年数は数十年となる物もあり、保守点検を続けながら長期にわたって稼働し続ける。このような設備投資の資金は、原則として銀行借り入れではなく社債を発行して債券市場から調達する。

社債の満期は生産設備の耐用年数と同じく何十年におよぶ長期であり、減価償却費がその元金部分の返済原資となる。耐用年数が到来して設備を更新する際には、改めて設備投資資金を借り入れ、再び減価償却費が返済原資となる。なお自己資金による設備投資では、減価償却費は設備の耐用年数の間に積み立てられ、設備を更新する際の投資資金となる。

これは国の財政でも同じだ。国が道路や空港・港湾などを整備する場合、これら公共インフラは長期にわたって稼働するものであり、国債発行で建設資金を調達するのが一般的だ。明治期の鉄道建設や高度成長期の電話網整備・地下鉄建設も債券発行で進められた。

長期にわたって利用される防衛装備品の調達が、安全保障という行政サービスを提供するための「投資」であれば、国債発行による装備品調達は理にかなう。防衛装備品も企業の設備と同じように、長期間の耐用年数にわたって「サービスの生産活動」をし続ける。この投資（＝長期にわたって利用される防衛装備品の調達）を国債発行で賄《まかな》う場合、やはり企業と同じように減価償却が返済原資となる。

同じ国債でも、装備品の購入資金となるのは性質的に建設国債に、人件費や燃料・弾薬や事務諸経費に充当されるのは赤字国債（特例国債）となるのが自然だ。企業でいうと前者は設備投資資金の借り入れ、後者は長期運転資金の借り入れに相当する。

ただしこれは机上の話であり、現在の厳しい財政状況下では、そのような理論どおりの防衛費調達は難しい。

防衛費の波及効果

最後に、経済学的視点から防衛費の波及効果についても少し触れておこう。一般的に、財政支出を増やすとＧＤＰの増加に寄与する。しかし最近、その効果は長期低落傾向にある。その理由の1つが土地価格だ。

かつて高度成長の頃は、東海道新幹線や東名・名神高速道路の建設で多額の財政支出をし、これがＧＤＰの増大に大きく寄与していた。

ただその後も高速道路や新幹線がいくつもつくられたが、その効果は次第に小さくなっていった。経済効果の高い人口密集地域はすでに押さえてしまっている、ということもあるが、土地価格が高《こう》騰《とう》し、土地の取得に費用がかかっていることが大きな理由だ。

土地取得にお金がかかると、そのぶん、実際の工事に発注できる額は限られてしまう。土地を売って得た収入は、ほとんど消費に回ることはない。たいていは、株や債券などへの投資で運用し、金利で安定した収入を得ようとする。実質的に消費に回るのは、建設に携わった労働者の報酬で、彼らが新たに消費をおこなうことが経済の活性化につながっていた。土地価格の上昇が、結果的にこうした波及効果（乗数効果）を薄めてしまっている。

では防衛装備の場合は、どうだろう。新たな土地の買収は必要ない。土地価格の上昇はほとんど影響しない。その意味ではＧＤＰ増加への波及効果は期待できる。

3 日本の防衛産業

「大いなる副業」といわれる理由

装備品の国産化——国情に応じた整備をおこなうために

運用思想に合った装備品の追求

明治の頃に、「軍器独立」という言葉があった。戊辰《ぼしん》戦争（1868～69年）では新政府軍も佐幕藩も欧米、なかでも19世紀最大の戦争だった南北戦争（1861～65年）が終わった米国の余剰《よじょう》武器を大量に輸入していた。「軍器独立」には、武器の欧米への依存状態から脱却するだけではなく、武器生産に必要な技術や経済力も身につけるという意思があった。

どこの国の軍隊にも、それぞれの国の事情・風土に即した運用思想があり、それに合った装備品を開発・調達している。外国で開発された装備品を導入する場合もあるが、多くの場合は何かしらの運用要求を妥協しているものだ。

日本は海に囲まれ山岳地帯が多く、道路も比較的狭い。このような自然条件は運用思想に影響を与える。

例えば米国製のF-16戦闘機を基に、航空自衛隊が装備する次期支援戦闘機（F-2）を日米共同で改造開発した際に、日本は対艦ミサイル4発搭載の運用要求にこだわった。日本が武力侵攻を受ける場合、相手は輸送船に乗ってきて、補給も海上輸送でおこなわれる。つまり日本にとって海上侵攻阻止の持つ意味は、大陸国家に比べて格段に大きい。しかし当時は、対艦ミサイル4発搭載可能な戦闘機は世界のどこにも存在しなかった。これは地理的特性による運用要求だ。

また日本海は割と波が高い。日露戦争（1904〜05年）開戦直前に海軍は、イタリアから装甲巡洋艦を輸入したが、穏やかな地中海での運用を前提にしたものの同型艦であったため、日本海での戦闘行動には苦労したようである。日本の自然環境での運用を考えると、艦艇の凌波性《りょうはせい》はよいに越したことはない。

人為的・社会的条件から生じる運用要求もある。NATO諸国がウクライナに供与した最新のレオパルト2の重量は60トンを超える。日本の10式戦車は44トンと、ふた回りほど軽い。日本には河川が多く、戦車の移動にも橋を渡らなければならない。ただし橋梁《きょうりょう》には重量制限があり、50トン以上の戦車が渡れる橋梁は限られている。

一世代前の90式戦車の重量は50トン以上だ。90式が配備されているのは北海道に限られており、それ以外では富士山麓《ろく》に訓練用があるだけだ。北海道は土地が広いので、橋梁を通らなくても十分に運用できる。その90式戦車でも、同世代の他国の戦車に比べると最も軽い部類に入る。日本の実情に合わせて開発した結果だ。

1954（昭和29）年の航空自衛隊創設時には、米国製の戦闘機・練習機は、体格の小さかった当時の日本人には操縦席が大き過ぎて、前方がよく見えないといった笑えない話もあった。また航空自衛隊が1971（昭和46）年にF-4戦闘機を導入した際には、政治判断で火器管制装置から対地攻撃プログラムを除去し空中給油装置も外したが、これも広い意味では「運用思想」に合わせた改修である。

その他、爆発物・揮発性燃料・電波・音量・道路交通などの法規制も日本に限らずどこの国にもある。結局、外国製装備品を改修するよりも、初めから日本の風土・運用思想に合わせて開発したほうが、細部においても利用者の意見が反映されやすいので、使い勝手がよいということになる。

かゆいところに手が届く補給・修理や改修

装備品国産化の大きな利点に、部品の供給や修理を自国内で受けられることがある。

航空自衛隊が配備していたF-4戦闘機は、2021（令和3）年3月に全機退役した。ところが米国では1992年に退役していた。つまり故障や不具合があっても、米国には部品の在庫がない。日本で注文生産すると、単価は極めて高くなる。

このような場合、よく見られるのは「共食い整備」だ。一部の機体を「部品提供用」として、そこから外した部品を整備用として使う。その結果、加速度的に稼働《かどう》機数は減り、部品を最新のものに取り換えて性能向上を図る「バージョンアップ」も期待できない。

幸い日本ではF-4のライセンス生産をおこなっていたので、国内で引き続き部品は供給された。さらには「バージョンアップ」も可能だった。

1960年に米海軍で運用が始まり、5000機以上が生産されたベストセラー機のF-4も、運用開始から20年以上を経過すると性能面での衰えが見え始める。第1章の「理解を深める用語と知識」（54ページ）でも紹介したMiG-25事件（1976年9月）では、F-4のレーダー探知能力（下方探知）の限界も明らかとなった。

そこでF-4の機体寿命の延長と電子装備品を中心とした、性能向上計画が組まれた。これには下方探知能力が改善されたレーダーの搭載や、新型の空対空ミサイル運用に必要な改修も含まれていた。そのほか、センサー類の追加や操縦席回りの装備品交換もおこなわれたが、このようなキメの細かい改造ができたのも、国内でライセンス生産をおこなった賜物だ。

ライセンス生産がおこなわれたF-4戦闘機（出典：防衛省）

米国製と中身が異なる自衛隊のF-15戦闘機（出典：防衛省）

F‐15戦闘機も、日本でライセンス生産をおこなった。このF‐15も2004（平成16）年度から近代化改修がおこなわれている。具体的な内容は、新型レーダーの搭載、コンピュータ換装《かんそう》、新型ミサイル運用能力付与、戦術データ交換システム搭載などだ。

これらは日本で独自に開発されたシステムもあり、「日米のF‐15は外見が同じでも中身は異なる」といわれているほどだ。

輸入装備品の場合にはこうはいかない。定期的な修理検査も製造元でおこなうか、製造元の検査官が日本にきておこなう場合もある。

防衛産業が抱える問題――多品種少量生産の呪縛

防衛部門が「副業」という事情

欧米に比べて、日本の防衛産業の特殊なところは、専業企業がないということだ。日本で、防衛産業部門のある主な企業といえば、三菱重工業や川崎重工業、スバルなどだが、いずれも防衛部門は主要部門ではない。

米国の場合、ロッキード・マーチン（戦闘機）、レイセオン・テクノロジーズ（ミサイル）などは、防衛部門だけで成り立っている。いま、日本、英国、イタリアで次期戦闘機の共同開発が進められているが、これに参加する英国のBAEシステムズ、イタリアのレオナルドは、ほぼ防衛部門の専業企業だ。日本の三菱重工業だけが「副業」での参加になる。

三菱重工業にとって、防衛部門の売り上げは全体の10％に満たないだろう。川崎重工業にしても同様だ。経営的視点で見れば完全な副業で、しかも採算が取れなくなれば経営者としては株主に対する説明責任が問われる。

企業風土の問題もある。日本の大企業は多くの部門を自前で持ちたがる、多角的な経営をよしとする風土がある。

例えば潜水艦についていえば、三菱重工業と川崎重工業がそれぞれ潜水艦製造部門を持って、受注を分け合っている。これを集約化しようということにはなっていない。

潜水艦に見られるように、日本では防衛部門の専業企業がないうえに「小口分散化」している。米国の場合にはロッキード・マーチンは航空・宇宙・システム、レイセオン・テクノロジーズはミサイル・電装品など、「核となる事業＋関連事業（主にシステム開発）」といった構成になっている。イタリアのレオナルドの事業展開も、「航空・宇宙（核となる事業）＋システム開発」という形だ。

しかし日本の場合、三菱重工業は戦闘機・水上艦艇・潜水艦・戦車・ミサイルなど、多岐にわたる装備品を手掛けている。ただでさえ小さい防衛関連の売り上げが、同一企業の各部門に分散している。ロッキード・マーチンやレイセオン・テクノロジーズ、レオナルドは車両や艦艇は手掛けていない。例外はBAEシステムズぐらいだが、もともとのパイが大きい。

多角化は部門間の業績変動を吸収し、相乗効果も期待できる。他方で企業統治が難しくなり、事業の全体像も見えづらくなることから、株式市場での評価を下げやすい（コングロマリット・ディスカウント）。日本の防衛産業が大企業の「大いなる副業」であり続ける状態は、社会風土に根ざしたものでもあるので、そう簡単には変わらないと思われる。

重くなる維持整備負担

防衛産業から撤退する企業が増えている。くわしくは後述するが、ここでは、その理由とも関連するハイテク技術の進化の影響について見てみよう。

２０２２（令和４）年度の防衛省当初予算は5兆４８００億円。そのなかで人件・糧食費に充当されるのが2兆１９００億円である。これは隊員数や給与水準が大きく変わらない限り、ほぼ一定で推移する。

残りのうち、事務的経費などを除いた分が物品の調達などに充当される。このなかに燃料や弾薬のような消耗品と、航空機・艦艇・車両といった装備品の調達予算が含まれる。

装備関連の支出には、大きく新規購入分と維持整備費がある。かつて新規購入分は維持整備費の数倍規模だった。ところが２００５（平成17）年度に維持整備経費が正面装備品の契約額を越えて、以後はその差が徐々に開いている。

この大きな理由は、装備品のハイテク化だ。コンピュータで制御される装備品は、機械式のものに比べて、桁違いの維持整備費がかかる。

ハイテク装備品の維持整備では、半導体などの電子機器の換装に加えてソフトウェアの更新も必要だ。ＯＳもアプリも新しくする必要がある。最近の装備品は、ハイテク化というよりも、それ自体がハイテク機器で、戦闘機でもミサイルでもコンピュータが空を飛んでいるようなものだ。

戦闘機の機体のなかには無数の配線が張り巡らされている。仮にレーダーを最新型に交換したとしよう。データ処理のＯＳも新しくなる。扱うデータ量も格段に増える。いままでのワイヤーでは容量が足りない。より大容量のワイヤーに変えなければならない。これを操作するための操作機器も必要となる。すべてがこの調子だ。

ハイテク技術の進化は世界的に加速していて、他国の装備品の性能は日々向上している。戦力的に対抗しようとすれば、こちらもこうした性能向上を怠るわけにはいかない。

開発間隔の長期化と技量維持

日本の防衛産業の納入先は、基本的に自衛隊だけだ。調達量は限られていて、大きな増減はない。その一方で、開発間隔は長期化している。この結果、技量の維持と人員の確保が難しくなる。

戦後の米国主力戦闘機の初飛行年と運用開始年を図表11に示す。間隔が徐々に開いているが、実際、戦闘機の開発間隔は第Ⅲ世代から第Ⅳ世代で14〜16年、第Ⅳ世代から第Ｖ世代では20〜30年も開いている。20年以上も間隔が空くと、開発のノウハウ・技量を持った人材が、定年を迎えてしまい、技術が継承されない危険がある。

日本では２０１９（平成31）年に、Ｆ-35を米国から輸入して運用を開始した。ライセンス生産ではないので、生産に深く携わっていない。つま

図表11　戦後の米国主力戦闘機の初飛行年・運用開始年

世代	機種	初飛行	運用開始
Ⅰ	F-80	1944年	1945年
	F-86	1947年	1949年
Ⅱ	F-100	1953年	1954年
	F-102	1953年	1955年
	F-104	1954年	1958年
	F-106	1956年	1959年
Ⅲ	F-4	1958年	1960年
Ⅳ	F-15	1972年	1976年
	F-16	1974年	1978年
Ⅴ	F-22	1997年	2005年
	F-35	2006年	2015年

り戦闘機生産については1世代分の空白ができてしまっている。この1世代分はかつてのように数か年ではなく、20～30年なので技術継承のうえでは大きな問題だ。

装備品のハイテク化に伴う調達数の減少、開発間隔の長期化は世界共通の問題で、日本だけでなく欧米各国も同じ悩みを抱えている。

また初飛行から運用開始までの期間も、第Ⅲ世代まではおおむね2年だったが、第Ⅳ世代で4年、第Ⅴ世代では8～9年と世代が代わるごとに2倍ずつ増加している。これは開発期間が長くなるだけでなく、それだけ開発費用がかかっていることを意味する。

「防衛生産基盤強化法」

２０２３（令和５）年2月に、「防衛省が調達する装備品等の開発及び生産のための基盤の強化に関する法律（防衛生産基盤強化法）」案が国会に提出された。重要な防衛装備品の開発・生産や修理体制を維持することが主な目的だ。

近年、防衛産業から撤退する日本企業が増えている。これまで、軽装甲機動車（装輪装甲車）を生産していたコマツ、緊急脱出座席を製造していたダイセル、新型機関銃を生産していた住友重機械工業などが防衛事業からの撤退を決めている（図表12）。

これには理由がいくつか考えられるが、大きくは技術面と経営管理面の要因があると思われる。技術面では、いままでは民生技術が軍用技術の先を進んでおり、企業として旨味が減ってきたことは否めない。

今日、文房具などにも広く使われているチタンは、50年ほど前は高価なうえに加工が難しい素材

図表12　防衛事業からの撤退を表明した主な企業

意思表明時期	企業名	製造品目	対応内容
令和元(2019)年	コマツ	軽装甲機動車	撤退
令和2年	ダイセル	緊急脱出座席	撤退
令和3年	三井E&S造船	艦艇	三菱重工業へ譲渡
	住友重機械工業	機関銃	撤退
令和4年	横河電機	操縦席用液晶装置	OKIへ譲渡
	KYB(カヤバ)	航空機用油圧装置	撤退
	島津製作所	航空機用部品	撤退

出所：各種報道より作成

だった。日本でこれを大規模な生産工程に組み込んだのは、1981（昭和56）年に始まったF-15のライセンス生産が初めてだった。主契約企業だけでなく、下請け企業・協力会社として参画した中小企業もチタンの加工技術を修得することができた。

このようなことは最近では少なくなっている。製造業の市場規模が小さくなっているうえに、各企業では製造部門の海外移転も進んでいる。そうなると、日本国内で防衛事業に参画して国内製造部門の技術力を高める誘因も働かなくなる。

経営管理面では、将来の予見が難しい点が挙げられる。調達数の減少ならまだしも、安全保障環境の変化に伴い調達計画が突然変更される場合がある。

民生品でも大口顧客からの受注変更という事態は生じるが、他社との取引で穴埋めするなどの余地はある。しかし防衛装備品の場合、防衛省への納品がすべてだ。

企業にとって、この予見不能性はリスクとなる。先に述べた技術面での旨味もまえほどではないとなると、リスクを回避する判断、つまり防衛事業からの撤退という選択は現実味を帯びてくる。

「防衛生産基盤強化法」は、このリスク軽減を図るものだ。具体的には「資金面での支援」と「(それでも装備品の調達に支障が生じる場合には)生産設備の国有民営化」が柱となっている。

ただし資金面での支援の対象は、供給網の強靱化・製造工程効率化・サイバーセキュリティ強化・事業譲渡であり、予見不能性の根本的な解決とはならない。

国産から国際共同開発へ——メリットとデメリット

カネの壁と技術の壁

米国は国防予算も格段に多いうえに実戦経験を積んでいる。言い換えると開発費が多いだけではなく運用面での知見蓄積においても、日本はいうに及ばず、欧州NATO諸国も含めて他国を圧倒している。つまり米国とそれ以外の国の間には、防衛装備品の研究開発に関して、「カネの壁と技術の壁」が立ちはだかっている。

この解決策の1つが国際共同開発だ。「カネの壁と技術の壁」があるので、お互いに持ち寄ればよいということだ。

日本は米国と同盟関係にあることから、過去には何度か装備品の共同開発をおこなってきた。米国以外の国との共同研究も最近は増えてきた。英国・イタリアと進めている次期戦闘機開発はすでに何度か言及したとおりだ(第2章の「理解を深める用語と知識」113ページも参照)。このほかにも、フランスやスウェーデンなどとも研究プロジェクトが進んでいる。

国際共同開発はこれからも増えていくだろうが、問題がないわけではない。まず関係国間の運用要求などの調整がたいへんだ。「ユーロファイター・タイフーン」戦闘機は1979年に英仏独の3か国事業として始まり、後にイタリアとスペインも加わった。

しかし独自路線を歩んでいたフランスは、1985年に計画から正式に離脱して「ラファール」戦闘機を単独開発した。

ラファールは1986年に初飛行、2000年に運用を始めたが、ユーロファイターはその後も開発費分担・調達機数・作業シェアなどの調整が続き、初飛行は1994年、運用開始は2003年と遅れる結果となった。

なおユーロファイターは、共同開発の4か国（英独伊西）以外ではオーストリア、サウジアラビア、オマーンが採用しているが、ラファールはインド、カタールなど7か国に輸出され、この点でもラファールに軍配が上がっている。

ちなみにロシアのSu-27戦闘機に対する空中戦での想定勝率は、タイフーンの82％に対してラファールは50％となっている。ただこの値はタイフーンの開発・生産に携わっているBAEシステムズが公表しているものなので、割り引いて見たほうがいい。

ここに見られるように運用要求で合意に達しても、自国の産業保護の観点から作業シェアの獲得を巡る調整が続く。もちろん開発費の分担も簡単には決着しない。

運用開始後に大規模修理をおこなう際には、各部分で生産国が異なると、維持・修理が自国内で完結しないという問題も出てくる。

図表13　航空自衛隊戦闘機の国産化比率推移

機種	F-86	F-104	F-4	F-15	F-2	F-35
生産形態	ライセンス国産	同左	同左	同左	共同生産	国内組み立て
時期	1950年代	1960年代	1970年代	1980年代	1990年代	2010年代
国産比率	60%	85%	90%	70%	60%	0%
輸入部品比率*	40%	15%	10%	30%	40%	100%

註：輸入備品費率にはブラック・ボックス分を含む。
出所：Michael Green, *Arming Japan: Defense Production, Alliance Politics, and the Postwar Search for Autonomy* (New York: Colombia University Press, 1995), p.33から作成。

F‐2戦闘機開発の苦い教訓

F‐1支援戦闘機の後継機（F‐2）の日米共同による開発が1990（平成2）年に始まった。F‐2そのものは強力な対艦攻撃能力を持つなど、戦闘機として高く評価されているが、その開発生産の過程は、後年に多くの教訓を残すものとなった。この教訓は大きく政治的なものと、技術政策的なものに分けられる。

政治的なものは、1980年代に米国で喧伝《けんでん》された「日本脅威論」に根差している。1979年にエズラ・ヴォーゲルが『ジャパン・アズ・ナンバーワン』を著し、「ソ連の軍事力よりも日本の経済力のほうが米国にとって脅威だ」といわれた頃だ。日本企業が米国の名門企業を次々と買収し、世論も議会も日本に対して警戒を強めていた。

「日本は自国の防衛や軍事的にソ連に対抗するための負担を回避している」という意識も働き、米国は米国製機の採用、または米国との共同開発を強く要求した。

結局F‐2は、米国のF‐16戦闘機を基にした共同開発となった。その後も米国は自国企業に40％の作業シェアを要求し、

F-16飛行制御のプログラムの供与を拒否するなど、戦闘機開発に政治的介入をおこなった。このため国産化比率は、ライセンス生産したF-4やF-15よりも低いという皮肉な結果になった（図表13）。

技術政策的なものの代表は、炭素繊維強化複合材技術の無償供与だ。F-2では炭素繊維強化複合材による一体構造の主翼を世界で初めて採用したが、当時はこの技術を持っているのは日本だけだった。そこで米国は共同開発・共同生産をおこなう条件として、この技術の無償提供を求めてきた。これ以外にも共同開発の合意書では、「米国が希望する技術はすべて米国に供与」することとなっていた。

共同開発に課題を残したF-2戦闘機（出典：防衛省）

F-2はこのような条件下で開発された。外見はF-16に似ているが、ほとんど再設計・飛行制御プログラムはゼロからの開発となり、「似て非なるもの」となった。このため日本の航空機産業は、結果的には「国産」に近い戦闘機の開発経験を積むことができた。

しかし自国が配備する主要装備品の開発・生産形態が、同盟国とはいえ外国である米国の過剰反応に翻弄《ほんろう》され、日本企業が独自開発した技術を無償で提供させられたことも事実であった。

4 防衛装備品の輸出

経済合理性を超えて

防衛装備移転三原則——なぜ輸出を規制するのか

ココムからワッセナー協定へ

ココム（COCOM）とは対共産圏輸出統制委員会の略で、NATO結成と同じ年の1949年11月に創設されパリに本部を置いた。ちなみにNATOも当初はパリに本部があったが、1966年にフランスがNATOの軍事機構から離脱（のちに復帰）したことで、翌年に本部がブリュッセル（ベルギー）に移転した。

ココムは第2次世界大戦後の冷戦期に、共産主義諸国への武器・技術・物資の輸出規制を目的としていた。これは共産圏に対する資本主義国の技術優位を維持するためのもので、NATO加盟国（アイスランドを除く）と日本、オーストラリアの17か国が加盟していた。

ココムでは輸出統制対象品一覧（ココム・リスト）を作成し、共産圏との貿易を監視下に置いた。加盟国がその一覧にある物品を共産圏に輸出する際には、ココムによる全会一致の承認が必要だった。

ただし輸出統制対象品を巡っては、加盟国の利害も絡んで対立も生じた。また企業がココム違反を承知で高性能品を共産圏に輸出し、後に国際問題となる場合もあった（第2章の「理解を深める用語と知識」114ページ参照）。1989年以降の東欧での社会主義政権崩壊と1991年12月のソ連崩壊で役目を終えたココムは、1994年3月にオランダのワッセナーで開かれた会合で廃止が決まった。

その後は武器や技術の輸出規制の対象が、国・地域に加えてテロ集団などの非国家主体も含んでいる。ワッセナーの会合ではそのための新協約設立も決まり、1996年7月に「通常兵器及び関連汎用品《はんようひん》・技術の輸出管理に関するワッセナー・アレンジメント（ワッセナー協定）」が発足した。旧ココムの加盟国にロシア、旧東欧諸国などを含む42か国が参加し、事務局はウィーンに置かれている。

同協定でもココムのときと同じように、先端技術民生品の「汎用品・技術リスト」と「軍需品リスト」に基づいて輸出管理をおこなっている。

武器輸出三原則とその例外

日本は武器輸出については厳格に管理する方針を定め、ココムや「ワッセナー協定」などの国際枠組みにも加盟してきた。

この一方、国内では1967（昭和42）年4月に佐藤栄作首相が国会で、「共産圏、国連決議で武器輸出が禁止されている国、国際紛争当事国（その可能性のある国を含む）」への武器輸出を認めない、との方針を示した。これがいわゆる「武器輸出三原則」である。この三原則は、武器の輸出を認めない国・地域の「三分類」を示したものだった。

図表14　武器輸出三原則の例外（昭和58〜平成22年）

時期	内容
昭和58(1983)年1月	対米武器技術供与
平成3(1991)年9月	国際平和協力業務等の実施に必要な装備品輸出
平成3(1991)年9月	国際緊急援助活動の実施に必要な装備品輸出
平成8(1996)年4月	日米ACSA下で行われる武器部品等の米軍への提供
平成9(1997)年12月	対人地雷除去装置
平成10(1998)年4月	改正日米ACSA（周辺事態への拡大）
平成10(1998)年4月	在外邦人等の輸送の際に必要な装備品の輸出
平成10(1998)年12月	弾道ミサイル防衛に係る日米共同技術研究
平成12(2000)年4月	中国遺棄化学兵器処理事業の実施に必要な貨物等
平成13(2001)年10月	テロ特措法に基づく自衛隊の物品・役務の提供等
平成15(2003)年6月	イラク特措法に基づく自衛隊の物品・役務の提供等
平成16(2004)年2月	改正日米ACSA（武力攻撃事態等への拡大）
平成16(2004)年12月	日米共同BMDの開発・生産
平成17(2005)年12月	MD日米共同開発における米国への武器供与
平成18(2006)年4月	ODAによるインドネシア向け巡視船の輸出
平成19(2007)年10月	補給支援特措法に基づく自衛隊員の武器携行等
平成21(2009)年3月	海賊対処法等に基づく武器等の輸出
平成22(2010)年5月	日豪ACSA下で行われる武器部品等の豪軍への提供

註：ACSA：物品役務相互提供協定、BMD：弾道ミサイル防衛システム、MD：ミサイル防衛システム、ODA：政府開発援助

出所：沓脱和人「『武器輸出三原則等』の見直しと新たな『防衛装備移転三原則』」『立法と調査』第361号〔参議院事務局〕(2015年2月)。

これが1976（昭和51）年2月に三木武夫内閣が、「武器輸出についての政府統一見解」を発表した。そこでは「武器輸出三原則対象地域への武器の輸出はおこなわない」「それ以外の地域への武器の輸出を慎む」となっており、これがその後の政府の方針となった。

その後、安全保障環境の変化に応じて、「武器輸出三原則の例外規定」が設

けられた。これは1983（昭和58）年1月の同盟国・米国への武器技術供与に始まるもので、その後は急速に増えている（図表14）。米国とのF-2戦闘機や弾道ミサイル防衛システムの共同研究開発・生産は、この枠組みのなかでおこなわれている。

また表からもわかるように、自衛隊の活動が海外に広がるにつれ、自衛隊が現地で利用する防衛装備品や、外国軍隊への物品提供なども例外規定として対応している。

「防衛装備移転三原則」と「運用指針」

2013（平成25）年12月に策定された「国家安全保障戦略」に基づき、新たな安全保障環境に適合する防衛装備品の移転に関する原則として、翌年4月に「防衛装備移転三原則」とその「運用指針」が策定された。ここでの「防衛装備」には技術も含む。

この「防衛装備移転三原則」は、大きくは以下の2つの考え方に立っている。第1に国際情勢に立脚するものだ。防衛装備の適切な海外移転が、国際的な平和と安全の維持の一層積極的な推進に有益であるという認識である。このため防衛装備の移転は同盟国である米国はもとより、それ以外の国々との安全保障・防衛分野における協力の強化に貢献する。

第2は防衛装備品の生産基盤強化の視点だ。すでに述べたように、最近では装備品の国際共同開発・生産が主流となっている。しかし日本が装備品の国際共同開発・生産に取り組んだのは、欧米諸国に比べると時期的に遅かった。したがって日本の各企業の防衛部門は、欧米企業に比べると国際共同開発・生産の経験が浅い。

これでは国際共同開発・生産の潮流のなかで、日本の防衛産業はますます孤立を深めるだけだ。

共同開発ということは、技術や知見を持ち寄るだけではなく、リスクの共有・分散も期待できる。この波に乗り遅れると、リスクに耐えられない企業の防衛事業からの撤退が加速するであろう。

「防衛装備移転三原則」は以下のとおりである。

「防衛装備移転三原則」
第1原則：移転を禁止する場合の明確化
第2原則：移転を認め得る場合の限定並びに厳格審査及び情報公開
第3原則：目的外使用及び第三国移転に係る適正管理の確保

要は、武器輸出三原則では「武器輸出は原則として禁止」となっていたものを、「日本の安全保障に資するものであれば、厳格に審査したうえでこれを認める」という内容になっている。そして「運用指針」では、平和貢献・国際協力の積極的な推進に資する場合、我が国の安全保障に資する場合には防衛装備品の海外移転が認められるとした。装備の種類としては救難、輸送、警戒、監視、掃海《そうかい》に関わるものが対象となる。

なお、2022年（令和4年）3月の「運用指針」改正で、「国際法違反の侵略を受けているウクライナに対して自衛隊法第116条の3の規定に基づき防衛大臣が譲渡する装備品等に含まれる防衛装備の海外移転」も認められることとなった。

日本がウクライナに供与した装備品は、防弾チョッキや鉄帽（ヘルメット）、地雷探知機、電話、医療機器、車両など攻撃能力のないものである。また欧米諸国は対戦車ミサイル「ジャベリン」や高機動ロケット砲システム「ＨＩＭＡＲＳ（ハイマース）」などを提供し、大きな戦果を挙げている。

防衛装備移転の促進策――政府が援助をおこなう条件

防衛装備移転のための基金

「防衛生産基盤強化法」の第18条は、海外向けへの仕様の変更などの費用を助成する基金に関する条文となっている。これは防衛装備品の海外移転を進めるに当たって、企業の負担を軽減することを目的としている。

前節「日本の防衛産業」でも述べたが、各国軍は独自の運用環境・要求を持っているので、装備品を移転するには、そのための修正・変更が必要となる。場合によっては、大幅な改造も視野に入る。日本も米国の装備を導入する場合には、米国で使用されているものをそのまま持ってきているのではなく、日本の運用要求や法令に合わせた仕様変更をおこなっている。

本来的には、この経費は利用者（購入者）負担となるものだ。しかし「防衛生産基盤強化法」では、安全保障の観点から装備移転が望ましい場合、仕様変更などに要する経費額が見通せない場合には、この基金による助成をおこなうことになる。

具体的には、装備移転が安全保障政策の一環である場合には、必要経費を国が負担する。また経費額が予見不能であり、時間とともに大きく変動する場合には、時間的な平準化を国が支援する。

この仕様変更の経費は製品価格に転嫁《てんか》されるので、最終的には生産者の負担とならない。ただし販売までは生産者が立て替える形になり、その額が変動し予見不能ということは、経営上の大きなリスクとなる。

この基金創設によって、購入者（仕様変更経費）と生産者（予見不能な支出の立て替え）の負担を国が支援する。

政府安全保障能力強化支援（OSA）

２０２２（令和４）年12月に閣議決定された「国家安全保障戦略」のなかに「同志国の安全保障上の能力・抑止力の向上を目的として、同志国に対して、装備品・物資の提供やインフラの整備等をおこなう、軍等が裨益者《ひえきしや》となる新たな協力の枠組みを設ける」とある。

そして２０２３（令和５）年４月に、「政府安全保障能力強化支援（ＯＳＡ）」の導入が国家安全保障会議の９大臣会合で決定された。これは日本にとって望ましい安全保障環境創出のため、同志国の抑止力を向上させることを目的としたものだ。

開発途上国の経済社会開発を目的とする制度としては政府開発援助（ＯＤＡ）があるが、これは民生部門への支援を対象としている。ＯＳＡは同志国の安全保障上の要望に応え、軍への資機材の供与やインフラの整備などをおこなうための、無償による資金協力の枠組みである。

日本はこれまでＯＤＡの枠組みでは、ベトナムやフィリピンに対し巡視船艇や沿岸監視レーダーをはじめとする機材供与、専門家派遣や研修による人材育成などをおこなってきた。また防衛装備品では２０１７（平成29）年３月に、海上自衛隊のＴＣ-90練習機２機がフィリピン海軍に貸与された。その後に機数は5機に増え、形態も「貸与」から「無償供与」となった。フィリピン海軍ではTC-90を使って、中国の警備艦や漁船が行動する南シナ海の洋上監視をおこなっている。これなどはまさに、「同志国の安全保障上の能力・抑止力の向上」に貢献している例だ。

装備品移転規制の限界――民生品の軍事利用は防げない

武器の判定・定義

防衛装備品の移転については、前述したように厳格な審査のうえで実施されることになっている。しかし規制があると、それを回避しようとする者が現れるのが世の常だ。

1976(昭和51)年に、電気部品としてフィリピンに輸出されたものが、後に実は撃鉄《げきてつ》・撃針・ヒンジピンなどの手榴弾《しゆりゆうだん》の部品であったことが判明した。1981(昭和56)年には機械部品として韓国に輸出されていたものが、大砲の砲身部品であることが明らかとなった。武器も部品となると、管理する側にも判定が難しい。

完成品であっても「武器」「防衛装備品」との判定が難しい場合がある。戦争・紛争・軍備管理などの研究で世界的に高く評価されている「ストックホルム国際平和研究所(SIPRI)」の武器移転データでは、タンカーなども武器として登録されている。

例えば日本から中国に、1989~90年に輸出されたタンカー3隻が武器となっているが、タンカーを建造した造船所はもちろん、購入した側も武器という認識はないだろう。これは定義の問題でもある。

途上国ではトラックの車体に機関銃やロケットランチャーを据えつけて、紛争地で「戦闘車両」として使われている。これらの車両は民兵や武装勢力の主要な装備品だ。トラックそのものは民生用として輸出されているが、その後の使われ方まで追跡はできない。

無人機・ドローンに至ってはいうまでもない。民生用のラジコン飛行機でも、攻撃用無人機として十分役に立つ。もちろんSIPRIのデータでは、これらトラックやラジコン機は武器として登録されていない。

民生品の軍民共用

1977（昭和52）年6月、石川島播磨《はりま》重工業（現・IHI）が全ソ連船舶輸入公団から大型浮きドックを受注した。これは全長330m、外幅84m、内幅67m、許容喫水《きっすい》15m、浮揚力8万トンの、世界最大の浮きドックだった。このドックは、翌年10月にソ連側に引き渡された。

その1か月前の1978年の9月、当時はソ連領だったウクライナの黒海に面した造船所で、ソ連海軍2隻目の空母となる「ミンスク」が竣工する。同艦は太平洋艦隊に配属となりウラジオストックに回航された。「ミンスク」は満載排水量が4万トンを超え、当時のソ連太平洋艦隊では最大の艦艇だったが、日本から輸入した浮きドックであれば収容可能だった。

実際に米国の偵察衛星が、「ミンスク」の修理にこの浮きドックが使われていることを確認している。これを受けて、ココムは1982年秋よりココム・リストの見直しに着手した。

民生品の軍事利用も、時と場合によって評価が分かれる。ベトナム戦争のときには、米軍の誘導爆弾が目標を捉える「目」として日本製テレビカメラが使われていると非難された。しかしいまはウクライナから、偵察用無人機の「目」に日本製カメラが入っていると感謝されている。ロシア側の無人機にも日本製の機器は入っている。

ここに装備品移転の論点が垣間見える。問題となるのは移転される「物」そのものよりも「誰に」、そして「何のために」移転するかである。

5 新領域の防衛体制構築
組織やインフラはこう変わる

宇宙、サイバー、電磁波——弾が飛び交わない戦場

宇宙領域の防衛とは

2008（平成20）年5月に成立した「宇宙基本法」第14条には、「国際社会の平和及び安全の確保並びに我が国の安全保障に資する宇宙開発利用を推進するため、必要な施策を講ずる」と記された。そして2020（令和2）年6月に新たな「宇宙基本計画」が閣議決定される。このなかで宇宙政策が貢献する4つの国益のなかの1つに「宇宙安全保障の確保」が入っている。

図表15　米軍の軍種と統合軍の関係

		軍種					
		陸軍	海軍	海兵隊	空軍	宇宙軍	沿岸警備隊
統合軍	北方軍						
	インド太平洋軍						
	欧州軍						
	中央軍						
	アフリカ軍						
	南方軍						
	宇宙コマンド						
	サイバー軍						
	戦略軍						
	特殊作戦軍						
	輸送軍						

統合軍の各軍には、陸・海・海兵・空・宇宙の各部隊が配属され、運用の責任を持つ。

各軍種は、人事・武器の開発・整備などを行う。

沿岸警備隊は国土安全保障省に属するが、戦時には大統領の命令で海軍の指揮下に入る。

宇宙空間の利用は安全保障とは切り離せない関係となっており、それが制度面からも担保された形だ。

運用面でも、防衛省・自衛隊では、宇宙状況監視（SSA）体制の構築、宇宙領域を活用した情報収集・通信・測位などの能力向上、相手方の指揮統制・情報通信を妨げる能力強化に努めている。

このなかでSSAとは、宇宙空間の安定的な利用確保を目的に、宇宙ゴミや妨害・攻撃などの監視をおこなうことを指す。この一環として、航空自衛隊は航空宇宙自衛隊に改称・改編される（第2章の「理解を深める用語と知識」116ページ参照）。

この分野で最も進んでいる米国では、1982年に軍用衛星の運用と弾道ミサイルの警戒を任務とする宇宙軍団を空軍のなかに創設した。1985年に統合軍として宇宙軍が編成され、空軍の宇宙軍団は陸海軍の宇宙部門とともにその指揮下に入った。この宇宙軍は1992年に戦略軍に統合される。2019年に新しい軍種として宇宙軍が設けられ、統合軍としては宇宙コマンドが創設された（図表15）。

ウクライナに侵攻する前から、ロシアが戦力を国境付近に集結させていることを、米国は偵察衛星情報から把握しており警告を発していた。そのロシアでも、空軍とミサイル防衛や軍事衛星の運用を担当していた航空宇宙防衛軍が２０１５年に統合されて、航空宇宙軍となっている。

「国家安全保障戦略」と能動的サイバー防衛

サイバー領域では、安全保障三文書のいずれでもサイバー安全保障やサイバー領域での能力向上について触れている。

「国家安全保障戦略」のなかでは「安全保障上の懸念を生じさせる重大なサイバー攻撃について、可能な限り未然に攻撃者のサーバー等への侵入・無害化」をおこなう旨が記されている。そして「能動的サイバー防御を含むこれらの取り組みを実現・促進するために、内閣サイバーセキュリティセンター（ＮＩＳＣ）を発展的に改組」すると記されている。

ＮＩＳＣを改編する新組織は、現在ＮＩＳＣがおこなっている関係省庁や企業への情報や助言の提供に加えて、能動的サイバー防御の実行も所管する。この実効性を担保するために、民間ハッカーの登用も検討されると報じられている。能動的サイバー防御には、サイバー空間の巡回監視、安全保障上の脅威となり得る不審な動きの察知・対処などが含まれる。

報道によると、昨年12月に警察庁のサイバー警察局が、世界的に暗躍する身代金要求型ウイルス（ランサムウェア）攻撃グループである「ロックビット（Lock Bit）」の暗号復元に成功した。これは能動的サイバー防御の事例ではないが、日本の法執行機関のサイバー攻撃に対する対応力を示している。

ただ難しいのは、サイバー攻撃は攻撃の意図を持っている国が、第三国のサーバーを攻撃拠点とする場合があることだ。こうなると物理的な攻撃に対処する「反撃」と同じ形を採るわけにはいかない。サーバーが置かれている国に対して、捜査や対応を依頼することになる。その第三国が攻撃の意図を持つ国の友好国である場合には、捜査や対応の依頼も断られるだろう。

自衛隊のサイバー戦対応

自衛隊では2014（平成26）年に、共同の部隊である自衛隊指揮通信システム隊のなかにサイバー防衛隊を発足させた。そして2020（令和2）年に自衛隊指揮通信システム隊そのものが自衛隊サイバー防衛隊に改編された。

研究・教育体制の充実策として、2023（令和5）年4月に防衛研究所内にサイバー安全保障研究室が設置された。防衛大学校でもグローバルセキュリティセンターで部外専門家とサイバー防衛の研究をすでにおこなっているが、2028（令和10）年度を目途にサイバー学科を創設して学生の受け入れも始める予定だ。

また一般の高校に相当する陸上自衛隊高等工科学校でも、2021（令和3）年度からサイバー防衛の専門家の養成を目的とする「システム・サイバー」の専修コースが設けられている。

陸上自衛隊のシステム通信・サイバー教育を担当する陸上自衛隊通信学校では、令和元年度から陸海空の3自衛隊共通のサイバー教育を実施しており、2021年度にはサイバー教官室を設置した。さらに2023（令和5）年度に陸上自衛隊システム通信・サイバー学校へ改組して、サイバー要員の育成体制を充実させる。

２０２２（令和４）年末に約８９０人いるサイバー専門部隊の要員を5年間で４０００人程度に増やし、システムの運営や維持調達などのサイバー関連の後方支援業務に携わる者を合わせて2万人規模とする計画である。

現在ロシアと戦闘中のウクライナでサイバー防衛・攻撃を担っているのが、ウクライナのサイバー義勇部隊「ＩＴ軍」だが、そこでは基幹要員となるＩＴ専門家を１５００人ほど抱えている。米軍では統合軍の1つであるサイバー軍（図表15参照）が６２００人でサイバー空間での作戦を統括している。

ちなみに北朝鮮のサイバー攻撃部隊は６８００人、中国のそれは3万人に達すると見られている。これらに比べて、自衛隊のサイバー専門部隊の４０００人規模というのは決して少ない数ではないが、技術革新が著しく早いこの分野では不断の技能向上も必須となる。サイバー戦では「量より質」が物をいう。有能なＳＥ（システムエンジニア）は文字どおり「一騎当千《いっきとうせん》」だ。

２０２１（令和3）年からは高度サイバー人材を非常勤の国家公務員に採用し、サイバーセキュリティ統括アドバイザーとして受け入れている。民間部門の知見を積極的に受け入れる姿勢の表れだ。

サイバー戦の同盟国と脅威国

インフラ面では、自衛隊のシステムを統合・共通化したクラウドを整備し、一元的なサイバーセキュリティ対策を実施することとなっている。こうすることで膨大なデータの処理が効率化されると同時に、高度なセキュリティ機能を備え、データの保護や暗号化、アクセス制御管理の厳格化が期待できる。

一般にデータをクラウド化することで、高性能コンピュータによりデータを高速処理し、その結果として意思決定や組織の行動が迅速化される。各組織・部隊で同時並行的に更新されるデータも即時に共有され、緊急事態への対応も正確におこなうことができるようになる。

オンプレミス（各組織・部隊）でデータを管理すると、災害や攻撃でデータが損失する可能性があるが、クラウドにデータをバックアップしている場合、地理的に分散させておけば、一部のデータが失われたとしても、ほかの場所に複製されたデータが残っているので、素早くデータの復旧が可能となる。

実際に、ロシアによる侵攻が始まる前のウクライナ政府のシステムはオンプレミスだった。しかし侵攻後には政府や民間企業はデータをクラウドに移行している。

我が国の「国家安全保障戦略」（2022年10月）では、平時からおこなわれている民生部門に対するサイバー攻撃への懸念が示されている。また「国家防衛戦略」（2022年10月）のなかで防衛省は、引き続きサイバー防衛の後ろ盾となる拡大抑止力への投資を続けるとともに、同盟国・友好国との連携強化を表明している。なお「国家サイバー安全保障戦略」（2023年3月）は、サイバー安全保障の脅威国として具体的に中国、ロシア、イラン、北朝鮮を挙げている。

米軍のサイバー軍は、国防総省の情報環境を運用・防衛する「サイバー防護部隊」、国家レベルのサイバー脅威からの防衛を支援する「サイバー国家任務部隊」、統合軍がおこなう作戦をサイバー面から支援する「サイバー戦闘任務部隊」、その他支援部隊で構成される。なお米国では、連邦政府のネットワークや重要インフラのサイバー防護は国土安全保障省の所掌となっている。

サイバー空間についても、平時から偵察をおこない、有事の際には軍事行動に先立って対処することは、現代の防衛では欠かせない活動となっている。

実際、ロシアはウクライナに侵攻する2か月前からサイバー攻撃を仕掛けていたとも見られている。ウクライナ政府機関のウェブサイトを改ざんし「最悪の事態に備えよ」と書き込み、さらには治安、防衛、法執行機関をターゲットにウイルスを添付したメールを大量に発信し、侵攻直前には市民生活の混乱を狙って金融機関のシステムに侵入してATMを機能麻痺《まひ》させた。

武器としての電磁波に対応する電子戦隊

電磁波は指揮通信や警戒監視などに使用されており、この能力の駆使・妨害・対策は電子戦として、現在の戦闘様相において重要な位置を占めている。今回のウクライナ侵攻でウクライナ軍は欧米諸国から電子戦での協力を受けていると見られている。

電磁波を効果的、積極的に利用して戦闘を優位に進めるためには、電子戦能力を向上していくとともに、電磁波の周波数や利用状況を一元的に把握・調整し、部隊などに適切に周波数を割り当てる電磁波管理の態勢を整備することが必要だ。

電磁波の領域での戦闘を優位に進めるためには、平時から有事までのあらゆる段階において、電磁波に関する情報を収集・分析し、これを味方の部隊で適切に共有することも欠かせない。

このため2022（令和4）年3月に陸上自衛隊・陸上総隊に電子作戦隊が編成された。同隊は

ステルスに加えて電子戦にも強い
F-35戦闘機(出典:防衛省)

電磁波情報の収集・分析や評価に当たり、有事には電波を使った敵の行動を阻止・無力化することを任務とする。

航空自衛隊では、２０１５（平成26）年８月に航空総隊隷下《れいか》の航空戦術教導団に電子作戦群を編成、２０２０（令和２）年10月にはＣ－２輸送機を改造した新型電波情報収集機ＲＣ－２を配備した。海上自衛隊でも同種の装備品としてＰ－３哨戒《しょうかい》機を改造したＥＰ－３が、岩国基地の第81航空隊で運用されている。なお航空自衛隊で配備が進められているＦ－35戦闘機は電子防護力にも優れており、電子戦能力の発揮面でも期待される。

これからの装備品として、相手方の脅威圏外（スタンド・オフ・レンジ）から妨害対象に応じた効果的な電磁波妨害を実施し、自衛隊の航空作戦の遂行を支援する、スタンド・オフ電子戦機の研究が進められている。

また航空機やミサイルなどに搭載されているレーダーや通信機器が使用する電波を探知・識別し、このレーダーや通信機器を無力化する艦艇用の電波探知妨害装置の研究もおこなわれている。さらに多数の無人機を活用したスウォーム（群れ）攻撃の脅威に対処する電磁波技術として、高出力マイクロ波や高出力レーザーシステムの研究などにも着手した。

ハイブリッド戦――戦争の趨勢《すうせい》を決する重要な要素に

古くて新しい戦い方

『孫子《そんし》』に「兵とは詭道《きどう》なり」とあり、状況に応じて敵を欺《あざむ》くことの重要性が述べられている。ハイブリッド戦の定義はいろいろとあるが、いまから2500年前頃にも原始的な形態のハイブリッド戦はあった。

一般にハイブリッド戦とは、国家の軍隊同士が戦う正規戦に、テロ・ゲリラに代表される非対称的手段や、情報宣伝活動・政治工作・経済封鎖などの非軍事的手段を組み合わせた戦争を指す。しかしこれは『孫子』を持ち出すまでもなく、現代に始まったものではない。謀略や不意討ちは古代から戦争では当たり前のようにおこなわれていた。

先に挙げたニコラス・スパイクマンは、ナチス・ドイツによるハイブリッド戦について危機感を表していた。

ナチスは欧州でドイツ系住民による諜報《ちようほう》や破壊工作を指導し、相手国の軍服を着用して混乱を引き起こし、「観光客」を装った工作員が橋や道路、空港などを軍の侵攻前に確保する役割を果たした。まさに2014年2月のロシアによるクリミア半島侵攻では、同じ状況が再現された。

ただし手法・手段はまったく異なる。十年一昔どころか、近年の技術進歩は、ハイブリッド戦の様相を1～2年で大きく変化させている。

今日では、サイバー攻撃による通信・重要インフラの妨害、インターネットやＳＮＳ（ソーシャル・ネットワーク・サービス）を使った偽情報の流布《るふ》、ＡＩ（人工知能）で加工した偽画像・偽動画の配信などが、ハイブリッド戦の中心となっている。これに正規軍でない民間軍事会社を利用した軍事活動などが加わる。

現代の戦争において重視されるのは、国内世論を誘導して支持を得ることだけでなく、国際世論を味方につけることだ。ウクライナ侵攻では、ロシアは前者には成功しているが、後者では明らかに失敗している。

反対にこの対応が巧みだったのがウクライナだ。国際世論を味方につけて多くの支援を引き出すことに成功した。さらにウクライナはロシア政府によるロシア国民への情報操作に対抗すべく、ロシア軍の損害や死傷者数などの「正しい情報」をロシアに向けて発信している。

新しい民軍協力に必要な条件

宇宙、サイバー、電磁波など新領域の防衛についても、ハイブリッド戦への対応に関しても、これからは民軍協力の新たな形態を模索していくべきだろう。従来の民軍協力とは、軍事的任務遂行のための軍と行政や国際機関、非政府組織などを含む民間部門との調整・協力を意味した。しかしハイブリッド戦が本格化する時代にあっては、それとは異なる形での民軍協力が望まれる。

ハイブリッド戦の要となるＩＴ・ＡＩの分野では、民間の技術は急速に進化している。これを前提として、防衛力には民間の技術・知見を活用することが求められる。

そのためには、民間部門から優秀な人材を迎えるために給与体系を考慮するなど、柔軟な発想で対処していくことが欠かせない。すでに高度サイバー人材の採用でこのような対応は採られているが、対外発信・広報も含めて、「広く深く」民間部門の知見を取り入れることが不可欠だ。

かつてボスニア紛争（1992~95年）のときに、セルビアの「民族浄化」に世界中の非難が集まったが、このときに活躍したのが米国の広告アドバイザーだった。情報の扱いは、専門家が長《た》けている。日本の官公庁でも優れた手腕を発揮する人が現れることがあるが、「人事異動」に伴って2年程度で交替する。これでは組織としてのノウハウ蓄積は望めない。

IT・AI・対外広報など、どちらかというと官公庁が苦手とする分野では、割り切って民間の知見を吸収よりも「活用」することも視野に入れるべきだろう。

そのためには我々日本人が肌感覚として持っている「社会とはこうあるべき」という概念を打破する必要もある。旧日本軍の組織的欠陥を分析した『失敗の本質』（1984年）のなかに、「およそイノベーション（革新）は、異質なヒト、情報、偶然を取り込むところに始まる。官僚制とは、あらゆる異端・偶然の要素を徹底的に排除した組織構造である」という記述がある。

この「官僚制」とは官公庁に限らず、会社組織など日本全体に蔓延《まんえん》している。このような社会では、往々にして「尖《とが》った人材」は忌避《きひ》・排除される。しかしそれではダメだ。

サイバー戦やハイブリッド戦を勝ち抜くには、ある意味で官僚組織である軍や自衛隊も、そのような人材を抱え込む懐《ふところ》の深さが問われることになる。

理解を深める用語と知識〈第2章〉

1 安全保障三文書

「総合安全保障戦略」（1980年7月）
今日の国家安全保障戦略の原型とは

日本では昭和50年代に「総合安全保障」に関する議論が盛んとなった。この嚆矢《こうし》となったのは、大平正芳《おおひらまさよし》首相の下に設置された有識者による政策研究会がまとめた報告書「総合安全保障戦略」（1980年7月）だ。そこでは報告書の冒頭にあるように、「国民生活をさまざまな脅威から守る」ことに主眼が置かれている。

報告書では、外交・防衛以外の経済に関連する項目として、エネルギーと食糧の安全保障が挙げられている。エネルギーと食糧を海外に依存する日本にとって、これらの供給途絶は国民生活への脅威と認識され、「生存維持の担保」を目指していた。

つまり「守りの施策」であるが、この報告書も含め当時の総合安全保障に関する議論は、ニクソン・ショック（1971年8月）に代表されるベトナム戦争後の相対的な米国の国力低下や、何よりも2度の石油ショック（1973年・1979年）が引き起こした、「資源ナショナリズム」の影響を強く受けていた。

反撃能力
抑止力向上のために

日本がミサイルによる攻撃を受けた場合、有効な反撃を相手に加える能力。近年は弾道ミサイルの技術が向上し、我が国周辺でのミサイル配備数が増えていることから、既存のミサイル防衛網だけでの対応が困難となりつつある。

安全保障三文書でいう「反撃能力」とは、我が国に対する武力攻撃が発生し、その手段として弾道ミサイル等による攻撃がおこなわれた場合、武力の行使の三要件（我が国に対する急迫不正の侵害がある、これを排除するために他の適当な手段がない、必要最小限度の実力行使にとどまる）に基づき、そのような攻撃を防ぐのにやむを得ない必要最小限度の自衛の措置として、相手の領域において、我が国が有効な反撃を加える自衛隊の能力を指す。

反撃能力の保有は、1956（昭和31）年2月29日の政府見解、憲法上「誘導弾等による攻撃を防御するのに、他に手段がないと認められる限り、誘導弾等の基地をたたくことは、法理的には自衛の範囲に含まれ、可能である」を踏《とう》襲《しゅう》したものだ。

憲法及び国際法の範囲内でおこなわれ、専守防衛の考え方を変更するものではなく、日米同盟における日米の基本的な役割分担も従来どおりである。

2 防衛費増額
GDP1%枠
どんな経緯で決められ、また撤廃されたのか

防衛費の対国民総生産（GNP）比については1%以内とすることが、1976（昭和51）年11月に三木内閣によって閣議決定された（当時の国民所得水準はGNPを基にしていた）。しかし日本の経済力が大きくなったこと、1980年代の米ソの緊張が高まったこと、それを受けた米国からの要求があり、1986（昭和61）年12月に中曽根内閣で1%枠の廃止が決まった。

ただし防衛費がGNP比1%を超えたのは1987（昭和62）年度からの3年間だけで、数値も1・004%、1・013%、1・006%だった。それでも当時の日本のGNPは西独の2倍、英仏伊の4倍近くあったことから、一

定規模の防衛費を確保することができた。2021（令和3）年5月に岸防衛大臣は、防衛費の予算要求を国内総生産（GDP）比で1％の枠にこだわらず増やす方針を明らかにした。

思いやり予算
誰が誰に対して何を思いやるのか?

在日米軍の駐留経費のうち、基地内労働者の基本給・福利費、施設整備費、基地の光熱・水道費、訓練移転費、訓練機材調達費などを日本が負担している。

これは1978（昭和53）年から支払われている、「在日米軍駐留経費負担」で、2023（令和5）年度の予算額は2112億円である。

それ以前にも、日米地位協定に基づき米軍の駐留経費の一部を日本が負担していた。

しかし円高の進展や対米貿易黒字累積などによって米国の財政が厳しくなったことで、軍事面での負担が小さい日本への不満が米国内で高まってきた。そこで日本政府は、「思いやりの立場」で特別措置をとることとなったもの。一般に「思いやり予算」と呼ばれてきたが、公式な通称は2021（令和3）年12月より「同盟強靭化予算」となった。

3 日本の防衛産業

「防衛生産・技術基盤戦略」（2014年6月）
防衛装備の大きな方向性とは

今後の防衛生産・技術基盤の維持・強化の方向性を示すものとして策定された。

この背景には、防衛装備品の高性能化に伴う単価上昇・調達数減少、欧米での防衛関連企業の再編と装備品の国際共同開発進展、日本における「防衛装備移転三原則」の閣議決定（2014年〈平成26〉年4月）などがあった。

本戦略では、防衛生産・技術基盤の維持・強化のための必要項目として、官民の長期的パートナーシップの構築、国際競争力の強化、装備品取得の効率化・最適化が挙げられている。

　また具体的な施策としては、契約制度などの改善、研究開発における民間部門や大学などとの連携強化、米・欧・豪・印・ASEANなどとの防衛装備・技術協力の推進、サプライチェーンの維持、防衛省内の体制強化などに言及がある。

次期主力戦闘機開発
初めて米国以外の国との共同開発が進行

　制空権・航空優勢の確保は、海上作戦・陸上作戦の効果的な遂行の前提となる。ただしこの分野の技術進歩は著しく、高度なステルス・ネットワーク・探知能力に優れる新世代機は、旧世代機に対して圧倒的な優位に立つ。

　日本の周辺では、中国が第4・第5世代戦闘機（Su-35、J-10、J-20）の配備数を急拡大し、最新型の第5世代機であるJ-31の開発も継続している。またロシアは第4世代機のSu-35の配備に加え、第5世代機のSu-57の開発を進め、Su-57と連携して飛行する大型攻撃用無人機「オホートニク」も開発中である。

　こうした状況を受け、日本では2035年頃から退役・減勢が始まるF-2戦闘機の後継機導入のため、2020（令和2）年度に次期戦闘機の開発に着手した。これは2022（令和4）年12月に、日・英・伊の三か国共同開発計画として公表された。

　英国は現在運用中の「ユーロファイター・タイフーン」の後継戦闘機として、2018年7月に「テンペスト」開発計画を公表したが、これも3か国による戦闘機共同開発計画に組み込まれると考えられる。

　日本は戦後、米国製の戦闘機（F-86、F-104、F-4、F-15）のライセンス生産、米国との共同開発・生産（F-2）の経験はあるが、欧州との共同開発は初めてとなる。

ユーゴスラビア向けロケット輸出（1963年）
日本の技術が海外で兵器に転用された

東京大学・生産技術研究所の糸川英夫らの研究陣により、1956（昭和31）年に地球観測用固体燃料ロケットのカッパ・ロケットが開発された。なお日本ロケット開発の父といわれる糸川は中島飛行機で「隼《はやぶさ》」「鍾馗《しょうき》」などの陸軍戦闘機の設計に従事していたが、日米開戦直前に東大助教授に転じた。

このカッパ・ロケットが、1963（昭和38）年にユーゴスラビアに輸出された。平和利用を目的とした輸出契約で、日本からはロケットの他に技術支援が提供され、ロケット追尾用のレーダーも輸出された。ただし独自の社会主義路線をとっていたユーゴスラビアは、西側はもとより同じ共産圏であってもソ連から武器や軍事技術の入手が難しくなっていた。

日本から提供された固体推進剤製造設備はユーゴスラビアの兵器工場に設置され、カッパ・ロケットの発射装置とレーダーはユーゴスラビア国産の地対空ミサイル・システムに転用された。武器輸出管理や民生品の軍需転用規制が極めて困難なことが露《あらわ》になった事件だった。

東芝機械事件（1987年）
米国から猛抗議を受けた、ソ連への輸出品とは

東芝の子会社であった東芝機械（現・芝浦機械）と伊藤忠商事は、1982（昭和57）年から1984（昭和59）年にかけて、ソ連技術機械輸入公団へ最新型の数値制御工作機械とソフトウェアを輸出した。この機械は、対共産圏輸出統制委員会（ココム）では共産圏への輸出は禁止されていたものだった。

1987年3月に『ワシントン・ポスト』が、この件に関する記事を掲載した。これを受けて調査をおこなった米国政府は、この輸出が、コ

コムの協定違反であり、かつ輸出された工作機械はソ連海軍の原子力潜水艦のスクリュー静《せい》粛《しゅく》性向上に役に立ったと結論づけた。

日本政府は米国政府に謝罪するとともに警視庁が東芝機械の捜査をおこない、「外国為替取締法」違反で同社幹部が逮捕された。米国議会では、この輸出で米軍兵士の命が危険にさらされたとの声も上がり、議員がホワイトハウス前で東芝製の家電製品を叩き壊すなどの行為も見られた。また東芝グループ全社の製品に対して、米国への輸入禁止の措置が取られた。折しも日本の経済力が世界を席巻《せっけん》し、米国がそれにある種の危機感を抱いていた時期の出来事だった。

5 新領域の防衛体制構築

スタクスネット事件
原発関連施設がサイバー攻撃の標的に

2010年11月、ウィーンにある国際原子力機関（IAEA）は、イラン中部にあるブシェール原子力発電所のウラン濃縮施設で、約1000台の遠心分離機が破壊され、8400台におよぶ遠心分離機すべてが稼働《かどう》不能となったことを明らかにした。

その数週間後、イランのアハマディネジャド大統領が、会見で「何者かがコンピュータウイルスによって、我が国の一部の遠心分離機に問題を起こしたが、事態は終息した」と述べ、ブシェール原子力発電所がサイバー攻撃を受けたことを認めた。

このウイルスが「スタクスネット」と呼ばれているもので、独シーメンス社製の産業用制御システムを乗っ取り、遠心分離機の回転速度を変化させることができた。実際にスタクスネットは、ウラン濃縮施設の遠心分離器に過剰回転の負荷をかけて物理的に破壊した。

このウイルスはイラン攻撃用として、米国家安全保障局とイスラエル軍情報機関が開発したと見られており、核濃縮施設のシステムはネット接続されていなかったことから、USBメモリを経由して感染したと考えられている。

またスタクスネットは、標的となるシステムが見つからない場合には休眠状態となり、2年ほどで自動消去されるようにプログラムが組まれていた。

航空宇宙自衛隊
宇宙での安全確保のために

2022（令和4）年12月に発表された「国家防衛戦略」と「防衛力整備計画」のなかに、「航空自衛隊を航空宇宙自衛隊とする」という記述がある。もちろんこれは、単なる名称変更ではない。

宇宙領域を使った情報収集、通信、測位などは、陸・海・空の領域での作戦能力向上に欠かせなくなっている。ただし宇宙空間の利用が脅威にさらされる危険は存在するため、地上や衛星からの監視能力を整備して、宇宙領域把握体制を確立しなければならない。

このための基盤を2027（令和9）年度までに整えることとしている。

航空自衛隊では2020（令和2）年5月に防衛大臣直轄《ちょっかつ》の宇宙作戦隊を発足させ、2022年3月にはこれを宇宙作戦群へと昇格させた。同群では、地上アンテナや宇宙空間に設置する光学望遠鏡などの各種装置を使って日本の人工衛星の安全を確保している。

またJAXA（宇宙航空研究開発機構）や米宇宙軍と協力して、宇宙物体の位置や軌道の把握（宇宙状況把握）もおこなっている。このためJAXAや米宇宙軍に連絡要員も派遣されている。

第3章

ウクライナ侵攻がもたらした日本への教訓

わが軍の西部およびウクライナへの前進とともに、地方におけるソヴェトの強化を使命とする臨時ソヴェト政府が各地に樹立されつつある。この事情は、わが部隊の運動を占領と見なす可能性をウクライナ、リトアニア、ラトヴィア、エストニアの排外主義者からうばい、わが軍のこんごの前進にとって有利な空気を生みだすという、良い面をもっている。

ウラジーミル・レーニン「陸軍総司令官への電報」（1918年11月29日）
（起草はヨシフ・スターリン）

1 それはついに始まった

泰平の眠りを覚ますロシアンティー

ゼレンスキー大統領のアイコン化――求められるリーダー像

最初の72時間の攻防

1853（嘉永《かえい》6）年7月、米国ペリー提督が率いる黒船4隻が浦賀沖に現れた。このときの日本の混乱は「泰平の眠りを覚ます上喜撰《じようきせん》たつた四杯で夜も眠れず」という有名な狂歌にも詠《よ》まれている。上喜撰は宇治の高級茶で、蒸気船との引っ掛けだ。

それから170年後、眠気を吹き飛ばしたのは宇治茶ではなくロシアンティーだった。

2022年2月24日、ロシア軍がウクライナに侵攻した。当初ロシア軍は、72時間以内に首都キーウを陥落させる目論見《もくろみ》だったようだ。

ウクライナの陸軍力はロシアの4分の1、空軍力は1割未満、海軍力に至ってはロシアとは比較にならないことからも、そう考えるのが当然だ。ところが事態はプーチン大統領の思うようには進まず、泥沼の長期戦となっている。

ロシアが短期での首都制圧に失敗し、ゼレンスキー大統領をはじめ政権幹部が無事であったことは、その後の展開に大きな影響を与えた。

報道によればロシアは当初、ゼレンスキーや閣僚、それにキーウのクリチコ市長など20数名の暗殺を狙って、侵攻開始とともに民間軍事会社ワグネルの特殊部隊400名を送り込んだ。欧米諸国はゼレンスキーに国外脱出を勧めていたともいわれている。しかし彼はキーウに留まった。

そこから読み取れるのは、プーチンが描く以下のような筋書きだ。ゼレンスキー政権を排除して親露派政権を立てる。その政権がウクライナのロシア併合を「要請」し、ロシアはそれに応えて「平和的」にウクライナを併合する。

似たようなことが、すでに2014年2月のクリミア半島侵攻で起こっている。クリミア半島での親欧米派・親露派の対立につけ入る形でロシアが軍事介入した。ウクライナ国内の自治共和国だったクリミアでは親欧米派の政権が廃止されて親露派政権が樹立、「クリミア共和国」としてウクライナからの「独立」を宣言する。

クリミア半島では露系住民が多いことから、「独立宣言」後に実施された住民投票ではロシアへの併合が賛成多数となり、クリミア共和国はロシアとの併合条約を締結した。この間、わずか4週間である。

ところが今回は、ゼレンスキー政権の排除に失敗した。これについてはロシア軍の戦術が稚拙《ちせつ》だった、ロシアの上層部が現場の実情を無視した計画を組んだ、などが理由に挙げられている。米国や英国の関与や、ロシア軍内の反体制派による情報漏洩《ろうえい》も取り沙汰されている。これらは当たらずといえども遠からずだろうが、くわしいことは明らかではない。ただ事実として、ゼレンスキーの暗殺は回避された。

このことが、侵攻開始72時間を持ちこたえただけでなく、ウクライナは欧米諸国の支持を集め、武器供与を引き出し、大国ロシアを相手に一歩も引かない抵抗につながっている。

リーダーシップとアイコン

ゼレンスキーは、それほど有能な政治家だったのか。知られているように、ゼレンスキーは生粋《きっすい》の政治家ではなく俳優だった。現地の「風向き」については報道以上のことはわからないが、当初は国民のゼレンスキーへの期待度はいまほど高くなかったようだ。

ところがロシアの侵攻を受けた直後からの人気はうなぎ上りだ。SNSを駆使して国際社会にも動画でメッセージを投げかけ、欧米諸国の多くがこれに応えて、経済的支援や武器供与を約束している。

こうした現象は歴史上、過去にもあった。思い起こされるのは、百年戦争（1337〜1453年）の後期に突如として登場したフランスの少女ジャンヌ・ダルクだ。

彼女が戦士として、あるいは軍略家として活躍したわけではない。農家の娘だった彼女が神の啓《けい》示《じ》を受けた「アイコン」として現れたことで、フランス軍内では士気が高まり、求心力も生まれた。もし彼女がいなければ、フランスはイングランドに負けていたかもしれない。

日本では島原の乱（1637〜38年）の天草四郎時貞《あまくさしろうときさだ》も似たような存在だった。

「愛らしい」ばかりがアイコンではない。英国本土航空戦（1940年）でドイツ空軍による空襲が続くなか、新聞に載るチャーチルの写真は、いつものように葉巻をくわえてVサインを読者に向けている。少女や少年とは違う60代後半の老練な政治家だが、彼もロンドン市民の心の支えとなったアイコンだった。

同じことが、ゼレンスキーにもいえる。カーキー色のTシャツを着た髭面《ひげづら》の彼が携帯電話の画面に現れると、派手さはないが何となく安心感が漂う。求心力も芽生えウクライナ軍の士気は上がる。ウクライナ侵攻直後、プーチンは放送を通じて、ウクライナ軍にクーデターを起こしてゼレンスキー政権を倒すように呼び掛けた。しかしウクライナ軍でこれに応じる者はいなかった。ゼレンスキーの立ち居振る舞いは、「危機におけるリーダーシップ」について改めて考えさせられる。

普遍的な解があるのではなく、その時代や社会風土に合わせた最適解があるのだろう。少なくとも現在のウクライナでは、ゼレンスキーはアイコンとしてもリーダーとしても理想に近い解のように思われる。果たして日本にとっての解は、どのようなものだろう。

国防費増額と防衛産業の混乱――戦争が始まってからでは遅い装備の生産

国防支出の増額目標と実績

ロシアのウクライナ侵攻は、NATO各国に大きな危機感をもたらした。その影響は国防予算増額の動きに現れている。

ロシアのクリミア侵攻を受けて、NATOは2014年9月に開催されたウェールズ首脳会議で、10年以内に国防費を対GDP比2%水準に引き上げることを目標に掲げた。日本も第2章で触れた

図表16　NATOの国防支出の対GDP比

	2018年	2019年	2020年	2021年	2022年
NATO全体	2.41%	2.54%	2.71%	2.60%	2.58%
米国	3.29%	3.51%	3.64%	3.48%	3.46%
米国を除いたNATO諸国	1.48%	1.54%	1.72%	1.67%	1.65%

註：2022年の値は推定値。
出所："Defence Expenditure of NATO Countries (2014-2022)"

ように、2022（令和4）年12月に決定した「国家安全保障戦略」には、「2027年度において、防衛力の抜本的強化とそれを補完する取り組みをあわせ、そのための予算水準が現在のGDP（国内総生産）の2％に達するよう、所要の措置を講ずる」と記されている。

しかしNATOが掲げた2％はあくまで目標だ。米国はトランプ政権時代にNATO各国に国防費増額を働きかけていたが、各国とも二の足を踏んでいた。

ところがロシアのウクライナ侵攻を受け風向きが変わった。世論も増額を支持する声が強くなり、実際に増額の動きを加速させている。

2022年（推定値）に2％を達成したのは、その時点での加盟30か国のうち7か国（米国、英国、ギリシャ、ポーランド、リトアニア、エストニア、ラトビア）だった。NATO全体での中間値は1・57％、加重平均は2021年の2・60％から2022年には2・58％に下がった（図表16）。

加重平均では、金額の大きい米国の実績に引きずられる。その米国も2021年の国防支出のGDP比は3・48％だったが、翌年には3・46％に下がっている。米国を除いたNATO加盟国の値は、それぞれ1・67％と1・65％だ。

これはコロナ禍の影響を考慮する必要がある。2019年と2020年は国防支出の対GDP比が大きく伸びているが、分母となるGDPがコロナ禍で縮小したことによる。コロナ禍で経済活動が落ち込む一方、国防力の整備は数か年計画でおこなわれるためだ。

2021年から翌年にかけては、国防支出額は全加盟国で増えている。ロシアによるウクライナ侵攻の影響を受けた結果である。ただし8か国（英国、ハンガリー、イタリア、モンテネグロ、ノルウェー、ポルトガル、ルーマニア、トルコ）では、その伸び率が物価上昇率（GDPデフレーター）に及ばなかった。

武器の供給網問題

日露戦争（1904～05年）では日本軍は弾薬不足に苦しみ、満洲軍総司令部は1904（明治37）年8月に旅順《りよじゅん》攻撃中の第3軍に対して弾薬節約を訓示した。その120年後、ウクライナでは攻守双方が同じ悩みに直面している。否、それだけではない。予想外の戦闘長期化は、遠く離れた支援国の弾薬在庫も逼迫《ひっぱく》させている。

2023年3月、EUはウクライナに対し今後1年で100万発の155㎜砲弾を提供すると発表した。「100万発」というのは膨大な量にも思えるが、意外にそうでもない。155㎜砲弾はNATO規格の弾薬なので、ウクライナが西側から供与を受けた野戦砲（牽引《けんいん》式や自走式）でないと使えない。

「武器取引フォーラム」によると、2023年4月時点でウクライナに提供されたNATO規格の155㎜砲は279門だ。そのうち160門は米国が供与している。またこのなかには、ポーランドが供給した第2次世界大戦でも使われた旧式砲（M114）が4門入っているが、誘導式のよう

NATO規格の155mm99式自走榴弾砲（出典:防衛省）

な高性能弾でない１５５㎜通常弾であれば撃つことはできる。単純に割り算すると、１５５㎜砲１門当たりの割り当て弾数は１か月に３００発だ。陸上自衛隊が保有する牽引式榴《りゅう》弾《だん》砲ＦＨ-70や99式自走１５５㎜榴弾砲は、１分間に最大で６発の射撃ができる。

ウクライナ軍の保有する野戦砲も同等なので、３００発はあっという間に消費してしまう。これが１か月分だ。

１５５㎜砲弾はウクライナでは生産できないので、すべて西側からの供給に頼らざるを得ない。しかしＥＵ全体の１５５㎜砲弾生産能力は、年間30万発だという。このような状況で１００万発を支援するというＥＵの決断はたいへん重いものがある。

自国の軍隊も訓練で砲弾を消費する。ロシアの脅威が顕在化《けんざいか》した現在では、軍隊の練度向上は急務だ。それでも危機の只中にあるウクライナへの支援が優先された。

砲弾だけではない。ウクライナ侵攻の当初、米国から供与された対戦車ミサイル「ジャベリン」の活躍が報じられた。このミサイルの製造元であるレイセオン・テクノロジーの最高経営責任者（ＣＥＯ）は、侵攻からの10か月で５年分の生産量が消費されたと述べている。

また同じ期間に肩撃ち式地対空ミサイル「スティンガー」は、13年分の生産量がウクライナで使われた。

ロシアも同様の問題に直面している。第1章でも触れたように、ロシアが使う旧ソ連規格の弾薬の製造設備を持っている国は多くない。北朝鮮はその少ない国の1つであり、ロシアへ弾薬を輸出していると見られている。

湾岸戦争（1990～91年）やイラク戦争（2003年）、イラク安定化作戦（2003～11年）、アフガニスタン安定化作戦（2001～21年）では顕在化しなかった弾薬の供給が、ここにきて西側だけではなくロシアにおいても大きな問題となった。サプライチェーン（供給網）の問題は民生品に限らない。

もちろんこれは、対岸の火事ではない。日本においても安全保障三文書のいずれにも、「弾薬の確保」についての記述がある。しかしウクライナ侵攻から見えてくるのは、その難しさだ。

いざとなったら生産は間に合わず、日露戦争のときのように外国から弾薬を緊急輸入せざるを得ない。平時から同盟国や同志国などと、このための関係を構築することが望まれよう。「弾薬の確保」は、単に「在庫を積み増せばよい」というものではない。

歩兵が運用できる地対空ミサイル、スティンガー
（出典：United States National Guard）

2 SNS戦

ネットを通して参戦する一般市民

「観る」から「戦う」へ——新しい義勇兵

戦場からお茶の間へ

1分間の映像が含む情報量は、新聞の文字情報に換算して朝刊4日分に近いらしい。動画の撮影・再生ができるようになったのは1900年前後だが、これは同時に戦場の映像記録の始まりでもあった。

第2次世界大戦（1939〜45年）では、戦場の様子がニュース映画として映画館で上映された。これは戦場の実情を伝えるというよりは、戦意高揚が目的で、撮影も軍の報道班などがおこなった。ニュース映画を観るために、市民は「お茶の間」から財布を持って映画館に出かけた。

それがベトナム戦争（1964〜75年）では、戦場のニュース映像を出掛けることなく、お茶の間に居ながらテレビで観ることができるようになった。

映像は主に報道機関の特派員らが撮ったものだ。テレビに流れる映像で夫や息子を戦場に送り出している家族が戦場の実態を知り、ベトナム戦争反対の機運が盛り上がる。こうしてジョンソン大統領は再選出馬を断念した。

湾岸戦争（1990～91年）では、生中継でビデオゲームのような映像がお茶の間に送られてきた。それまで戦場からの第一報は文字情報で、映像は続報だった。しかし湾岸戦争では映像が第一報となった。

お茶の間から戦場へ

いまのウクライナ侵攻に関しては、映像配信の媒体はテレビからSNSに移りつつある。SNSでは配信の主役は一般市民だ。こうして見ると媒体と主役が代わっただけで、ほかに大きな変化はないように思える。

ところがお茶の間と戦場の関係が変わった。一般市民は戦場の映像を観るだけでなく、SNSを使ってお茶の間から「参戦」している。それもウクライナ国民だけではない。

間接的な参戦としては、ウクライナへの支援がある。ロシアのウクライナ侵攻直後から、ウクライナ支援の各種サイトが立ち上がった。そのなかには、資金援助が目的のクラウドファンディング・サイトもある。これは街頭募金と同じようなもので、ウクライナを支援していても「参戦」という感覚はないだろう。

しかしお茶の間で、SNS配信される戦場の惨状に心を痛めながら資金援助をしていることは事実だ。

また直接的に「参戦」している例がある。今回のウクライナ侵攻でも、ロシア側ではサイバー傭《よう》兵《へい》が暗躍している。ロシアはハッカーに指示して、ウクライナの主要機関にサイバー攻撃をさせている。侵攻が始まる2週間ほど前から、ウクライナの政府機関などはロシアのサイバー攻撃を受けていた。

これに対して、ウクライナ側ではサイバー義勇兵が現れた。「弱者を助ける」ということで、フェドロフ副首相兼デジタル転換相の呼びかけに応じて、世界中から有志がウクライナ側に立った。「IT軍」とも呼ばれるサイバー義勇兵は20万人に達しているといわれる。どうやら「判官びいき」は世界共通らしい。

彼らがロシア軍の残虐行為を示す動画を拡散して、反ロシアの国際世論を形成する活動はよく知られている。さらにサイバー義勇兵たちはロシア軍の戦死者を特定して、ロシアの厭戦《えんせん》気分を煽《あお》っている。

戦場でロシア軍の戦死者が出ると、その映像がSNSに投稿される。投稿者はウクライナ側の兵士か、居合わせた一般市民だろう。そうすると、これも西側IT企業から無償提供されたAI技術を使い、SNS投稿などから集めた顔写真データから戦死したロシア兵を特定して家族や友人に伝える。

ロシアでは報道統制が敷かれて戦争被害が公とならないので、戦死者の家族はこうして初めて身内の戦死を知る。このデータ通信は、米国の企業家イーロン・マスクCEOが運営する「スターリンク」が担っていると見られている。

ただしスターリンク端末が人工衛星に送る信号をロシア側が受信すると、端末の位置が特定され、ロシア側の攻撃目標となる危険がある。これについてはマスクCEOも注意を促している。

さらには軍を直接支援している「参戦」例もある。ロシア軍の位置情報提供だ。ロシア軍の部隊や兵士を目撃した一般市民が、その情報を携帯電話で軍や政府機関に知らせる。こうした情報は射撃管制システムに入力される。システムは敵と味方の位置から、攻撃に最適の自軍部隊を割り出す。それをもとにウクライナ軍は敵を攻撃する。

一般市民が砲兵部隊の観測班の役割を果たしているわけだ。ただしこのような行動をとる市民は、「非戦闘員」と見なされない可能性もある。

この一連の作業は、クラウドを通じておこなわれる。ウクライナ軍が利用するクラウドは、マイクロソフトなど西側のIT企業が提供している。彼らの背中を押しているのが株主たち、そして国際世論だ。世界中のSNS利用者がこのような活動を盛り上げて、「ロシアは悪、ウクライナは善」という国際世論を確固なものとした。このような動きを経営者・株主たちは無視できない。

ウクライナにしてみると、「国際世論の盛り上がり→西側企業・政府への圧力→ウクライナへの支援」という形が自然発生的に出来上がった。市民らは携帯電話を片手にお茶の間から、またはそこを飛び出して参戦している。

戦うアプリ——諸刃の剣となる秘匿性《ひとくせい》

テレグラムの活躍

SNSアプリといえば、日本ではLINEやツイッターが最初に思い浮かぶ。しかしウクライナ国内で活躍しているのは「テレグラム」だ。これは2013年にロシアのIT技術者によって開発された。

テレグラムは、他のアプリケーションに組み込むための仕様が公開されており、拡張性に富んでいる。また基本的にはクラウドで運用されるので、メッセージや写真などのデータはサーバーに保存される。このためデータ保護の点で安心であり、利用者はどこからでもデータを使うことができる。

もちろん送信文をサーバーに保存しない選択も可能で、その場合は端末間を暗号化されたデータや送信文が流れる。こうすることで、第三者の傍受《ぼうじゅ》を防ぐことが可能だ。

テレグラムの利用者数は、全世界で約7億人に上る。LINEの利用者数は9000万人だ。

ウクライナ国民は、新型コロナウイルスに関する公式情報をテレグラムで入手していた。このためテレグラムは、ロシアの侵攻が始まる前から情報インフラとしてウクライナ国内で普及していた。このことが幸いした。

都市部に侵攻・攻撃がおこなわれる場合、官公庁・金融機関などとともに狙われるのが放送局だ。情報を統制するためで、クーデターでも放送局は狙われる。実際に1991年8月のソ連クーデター未遂事件では、反乱軍はいち早く放送局を占拠した。ところがエリツィン・ロシア共和国大統領（当時）の反クーデター声明がインターネットで流れたことが、クーデターが国民から支持されなかった一因となった。

この度のウクライナ侵攻では、テレグラムが普及していたことで、ウクライナ政府は放送局が攻撃を受けてもSNSで情報発信ができるようになっていた。

政府はテレグラムで国民への情報提供をおこない、国民にとって貴重な情報源となった。車で検問所を通る際の手順や、化学処理工場が攻撃された場合には窓を閉めるといった注意喚起《かんき》までが配信されている。テレグラムを通じてロシアの偽情報は否定され、ロシアの工作員を見つけ出すように依頼も出ている。

テレグラムのゼレンスキー・チャンネル登録者数は、2023年1月の時点で90万人を超えている。

大衆扇動《せんどう》という古くて新しい問題

テレグラムの秘匿性は、管理当局にしてみると都合が悪い。このためロシア政府は、2018年4月からテレグラムの使用を禁止した。

その理由として、テロリストがテレグラムを利用していたことを挙げていた。テレグラムは通信が傍受されにくいため、テロリストや犯罪者たちにも好まれた。

テレグラムの利用禁止に合わせて、ロシア政府はテレグラムが使う通信プロトコルをブロックした。しかしロシア国内の利用者は回避技術を用いて利用を続けたために、「テレグラム利用禁止」は効果を上げなかった。結局、ロシアは2020年6月にテレグラムの利用禁止を解除している。いまではロシア大統領府を含め、ロシア政府関係者はテレグラムを使って演説や声明などを配信している。

秘匿性が高いことから、ロシア国内の反戦運動家もテレグラムを使って情報発信をおこなっている。このようにテレグラムはロシア国内でも、ウクライナ支援に貢献している。

ところでＳＮＳによる情報戦は、危険も併せ持つ。誰でも気軽に発信できることから、内容の真偽を問われることなく情報が上げられる。匿名性が担保されていれば、責任を問われることもない。親露派が意図的に偽情報を発信することも予想される。それに基づいて軍が行動すると無用な犠牲が出るし、それを逆手に取ってこちらも偽情報を使ったＳＮＳ戦を仕掛ける。サイバー空間で、狐《きつね》と狸《たぬき》の化かし合いが繰り広げられる。

さらに注意が必要なのは、ＳＮＳ戦が大衆迎合や扇動につながる危険だ。「お茶の間」から参戦できるということは、「お茶の間」がＳＮＳの攻撃を受けることを意味する。戦時には皆が疑心暗鬼になる。そのなかでＳＮＳ戦が繰り広げられると、偏見や先入観が加速度的に増幅される。

戦時の緊迫に乗じた大衆扇動は、古代ギリシア・ローマの時代からある。現代でも第２次世界大戦時のユダヤ人迫害や中国文化大革命（１９６６〜７７年）での紅衛兵《こうえいへい》動員、１９９４年のルワンダ大虐殺などはその例だ。

当時はＳＮＳがあったわけではないが、演説・デマ・ビラ・ラジオ放送などで大衆が扇動された。いったんその動きに火が付くと制御するのは極めて難しい。

外部からの侵略は排除されなければならないが、その過程で理性を失ってよいわけでは決してない。ただし残念なことに歴史を通じて、扇動にのった大衆は幾度となく理性を踏み外してきた。

ＳＮＳによる情報戦は、大衆を扇動させる危険を併せ持つことを、我々は肝《きも》に銘《めい》じなければならない。

3 経済制裁

現代版の兵糧攻め

経済制裁の新形態——「面」の包囲と「線」の揺さぶり

非対称な貿易と経済制裁

ロシアがウクライナへ侵攻すると、各国はロシアに対して貿易や対外資産凍結などの経済制裁を実施した。ロシアとの大規模戦争への発展を回避した、西側諸国による兵糧攻めだ。

今回の対露経済制裁はEUやG7が中心となっているが、これらを合わせるとロシアの輸出入の4割以上を占めている（図表17）。

他方でEUやG7にとってロシアが占める割合は1～3％程度に過ぎず、ここに貿易依存に関する非対称性が観察される。つまりEUやG7にとって対露経済制裁は、貿易に関しては共倒れになる可能性は低い。

あまつさえロシア政府は歳入の約3分の1を石油・天然ガスによる収入が占めており、経済制裁はこの面で直接打撃を与えると思われた。なおロシアは航空会社が西側のリース会社から借り受けた旅客機の返却を拒否しているが、これは非対称性に立脚する経済制裁に対してロシアが出した1つの回答だ。

図表17　各国などとロシアの貿易相手別比率（2016年）

各国などの貿易	対露貿易が占める比率		ロシアの貿易	貿易全体に占める比率	
	対露輸出	対露輸入		輸出	輸入
EU	1.5%	2.5%	対EU	35.3%	29.3%
G7	1.0%	1.3%	対G7	22.5%	31.6%
日本	0.8%	1.9%	対日本	3.3%	3.7%
中国	1.8%	2.0%	対中国	9.8%	21.3%
インド	0.7%	1.4%	対インド	1.9%	1.3%
ウクライナ	9.9%	13.1%	対ウクライナ	2.2%	2.1%

出所：IMF, *Direction of Trade Statistics, 2018*より作成。

ただ欧州は２０２２年末の冬を前にして懸念されたように、石油・天然ガスなどのエネルギー供給の対露依存率が高い。とくにドイツではロシアからの輸入は、石油輸入の３分の１、石炭輸入の約半分、天然ガス輸入の６割弱を占めている。

単純な比較はできないが、第１次石油ショックが１９７３（昭和48）年10月に生じたとき、日本の石油輸入の中東依存度は80％に近かった。一般家庭のエネルギー消費の３割以上を灯油が占めていたことから、当時の田中角栄内閣や通産省は時間的な余裕が限られるなか、石油の価格上昇が灯油の暖房需要に与える影響を抑えるのに躍起《やっき》となった。

また図表17からは、中露間貿易の非対称性も観察される。いまや世界最大の貿易大国となった中国は、貿易の対露依存率は２％前後であるが、ロシアの輸出の10％弱が中国向けで、輸入の20％超が中国からだ。中国がＥＵやＧ７と共同歩調をとらない限り、対露経済制裁には大きな穴が開く。

西側による「面・束《たば》」（貿易・在外資産凍結）の経済制裁に対し、ロシアは「線」（エネルギー・食糧）で西側の生存を揺さぶっている。その「線」において皮肉なことに、制裁でエネルギー全体の価格が高止まりしていることからロシアの輸出収入は増えており、中国やインドは制裁で割安となったロシア産石油・石炭の輸入を増やしている。

金融制裁とその限界

今回のウクライナ侵攻では、対露経済制裁の一環として各種の金融制裁も実行された。2022年5月末にEUと英国がロシア産石油を積んだ船舶への損害保険の付保を禁止した。中国やインドは価格が下落しているロシア産石油の調達を増やしていたが、露・中・印も含めて世界中の船舶の多くは、英国のロイズ保険組合で保険・再保険をかけている。これが利用できなくなることは、ロシア産原油の輸出にとって大きな障害となる。

他方で、世界の損害保険会社では保険金の支払いが急増する。ウクライナ侵攻に関連する保険損害額は、世界合計で160億〜350億ドルに達するという報道もある。これには船舶・船荷《ふなに》保険のほか、先に挙げたロシアから返還されないリース用の航空機を補償する航空、サイバー保険などが含まれる。

また世界の大手金融機関で構成するクレジットデリバティブ決定委員会は同年6月1日、ロシアのドル建て国債で「債務不履行《さいむふりこう》」が起きたと認定した。外貨建てロシア国債の不履行認定は、ロシア革命直後に債務不払いを宣言した1918年以来、1世紀ぶりである。

さらにウクライナ侵攻後には、SWIFT（国際銀行間通信協会／スイフト）やユーロクリア（有価証券を保管し決済する機関）などからロシアの排除が打ち出された。しかしこの効果は、当初からやや疑問視されていた。その理由として、以下の3点が挙げられる。

図表18　中央銀行の金保有高と金産出量

中央銀行の金保有量（2022年3月）		金産出高（2021年）	
米国	8,133トン	中国	332トン
ドイツ	3,359トン	ロシア	331トン
イタリア	2,452トン	オーストラリア	315トン
フランス	2,437トン	カナダ	193トン
ロシア	2,302トン	米国	187トン

出所：ワールド・ゴールド・カウンシル・ホームページより作成。

第1に、ＳＷＩＦＴが排除したのは露系銀行7行のみで、大手銀行や政府系企業の系列銀行には対象となっていないものがある。第2に、ＳＷＩＦＴに比べると規模は極めて小さいが、露系決済システム（ＳＰＳＦ）や中国が運営する人民元決済システム（ＣＩＰＳ）は従前どおり稼働している。第3は、ロシアの金産出量・保有量だ。

ＣＩＰＳによる決済は人民元に限られるが、日本も含めた西側主要銀行も加盟している。今後ロシアの銀行はＳＰＳＦやＣＩＰＳの利用を加速させ、ＳＷＩＦＴやドル決済への依存度を下げるだろう。実際に侵攻前には半分を超えていた輸出決済のドル建て比率は3分の1以下となり、その分はルーブル建てと人民元建てが埋めた。

またＳＷＩＦＴは過去に何度かサイバー攻撃を受けており、今後もロシアがＳＷＩＦＴに対してサイバー攻撃をおこなう可能性は否定できない。

ロシア連邦中央銀行の金保有量は、侵攻直後の２０２２年3月現在で各国中央銀行のなかで第5位となる（図表18）。これは米国の3割、ドイツの7割に相当するが、フランスやイタリアとほぼ同じで、日本（８４６トン）の3倍近い。また２０２１年のロシアの金の年間産出量は世界2位だ。中央銀行による金の保有はロシアの外貨準備を分散し、ルーブルの信認を維持させ、金融制裁に対する強靭性向上に貢献する。

ロシアは2014年のクリミア半島侵攻以来、外貨準備を積み上げているものの、欧米の中央銀行などに預けられている分も多く、これは資産凍結の対象となる。

課題となるサプライチェーンの維持強化

ウクライナ侵攻の直後、日本はサプライチェーン（供給網）リスクに直面した。もともとこれは企業経営におけるリスクであったが、21世紀に入ると国家の危機として認識されるようになった。

2010（平成22）年の尖閣《せんかく》諸島での中国漁船による海上保安庁巡視船への衝突事件後、中国は日本向けレアアースの輸出を事実上差し止めた（第1章「理解を深める用語と知識」53ページ参照）。また2002年・2008年・2014年には、6年おきにおこなわれる北米西岸の港湾労働組合と港湾使用者団体との労使交渉に絡んで、港湾ストによる貨物の長期間滞留が生じた。

これらは人為的な原因による供給網の機能不全であるが、自然災害・感染症などを原因とする供給遮断《しゃだん》も経済活動に大きな影響を与えるようになっている。2011（平成23）年に起こった東日本大震災とタイの水害では、製造業への部品・中間財供給が一時的に断たれた。そして2019（令和元）年末に始まった新型コロナウイルス感染拡大では、都市封鎖・工場の操業停止や人流・物流の停滞が生じた。

近年の供給網遮断では、石油や食糧、レアアースといった特定の一次産品の供給が「線」として断たれるのではなく、多くの地域から一次産品から半導体などの工業製品も包含する、「面・束」となって遮《さえぎ》られる。これは経済活動の地球規模（グローバル）化に伴う必然的な結果である。2022（令和4）年5月に国会で可決成立した「経済安全保障推進法」でも、サプライチェーンの維持強化は主要4項目のなかの1つとなっている。

ロシアにとっての痛手は、経済制裁によって半導体のサプライチェーンが断たれたことだった。ウクライナ情勢の影響で、全世界で半導体が不足している。半導体生産原料のネオンガスはウクライナが世界供給量の70%、パラジウムではロシアが40%を占めているが、両国からの供給は途絶えたままだ。

このため世界的に半導体生産のサプライチェーンが細くなっているところに、対露禁輸でロシアは半導体を必要とする武器の生産が困難となっている。そこでロシアは中国からの半導体輸入を増やし、カザフスタンなどからは家電製品を輸入して、そのなかの半導体を武器の修理に使っているといわれている。

こうして手に入れた半導体には、性能的には十分ではないものもある。しかし高性能ミサイルなどはともかく、無人機(ドローン)のようなものであれば対応は十分可能だ。民生用無人機は市販部品で生産しているので、部品の供給が途絶えたら、別の部品で代用ができる。これが民生用無人機の強いところだ。

経済活動・企業経営が地球規模でおこなわれている今日、地球の反対側での紛争がサプライチェーンの危機に結びつく。確かに20世紀後半には、石油ショックで消費財の供給危機を経験した。そして現在では、パラジウムのようにわずかな量の工業資源の供給途絶が、市民生活全般に影響を及ぼす。その意味では40年以上前の「総合安全保障戦略」は精神をそのままに、時代に合わせた再検討が望まれる(第2章「理解を深める用語と知識」110ページ参照)。

民間企業の自発的行動——企業も斯《か》く戦えり

ウクライナ支援と対露制裁

ロシアがウクライナに侵攻した直後、欧米諸国はウクライナを支援するとともに対露経済制裁に踏み切った。これと連動して民間企業によるウクライナ支援やロシアでの事業撤退も相次いだ。

民間企業による支援では、大きく分けてウクライナへの直接支援と国内や周辺諸国に流れ出た難民への支援がある。難民への支援は食糧や衣類、医薬品、その他生活物資などの供与、また募金で集まった義援金の提供などがある。多くの日本企業も難民に対して支援物資の提供などをおこなった。

直接支援は戦争の遂行に関わるものとなる。第2章5節で触れた、大手IT企業によるサイバー戦・ハイブリッド戦への支援などがそれにあたる。ただし難民支援も、戦闘行動とは関係ないように見えるが、ウクライナ政府の避難民支援の負担軽減につながる。ただでさえ限られた行政資源を戦争目的に投入する必要に迫られているウクライナ政府にとって、

虐殺がおこなわれたブチャを視察するゼレンスキー大統領
（出典：PRESIDENT OF UKRAINE VOLODYMYR ZELENSKYY Official website）

このような支援は大きな助けとなる。

今回のウクライナ侵攻での特徴は、民間企業による自発的な「ロシアからの事業撤退」が相次いだことだ。紛争開始と同時に、「ロシアは悪、ウクライナは善」という形が国際世論で出来上がったことが寄与している。これにはアイコンと化したゼレンスキーの存在も大きかった。その国際世論の形成に大きな役割を果たしたのがSNSだ。

欧米の石油大手はロシア事業からの撤退を早々に表明した。マクドナルドやスターバックスは全店一時閉鎖後にロシアから事業撤退し、VISA、マスターカード、アメリカンエキスプレスはロシアでの事業を停止した。日本の自動車会社も現地工場の閉鎖や輸出停止などに踏み切った。

IT関連ではメタ（Meta）がフェイスブックへのロシアからのアクセスを遮断《しゃだん》、アップル、マイクロソフトは製品販売を停止し、国営メディアアプリのストア掲載も取り消した。またグーグルも動画配信サイト「ユーチューブ」からロシア国営報道機関を締め出した。

日本のIT企業にもロシアでのサービス提供を停止またはアクセスを遮断したものがあり、小売業などでも事業停止が相次いだ。

これらは別に各国が指導や要請したものではない。ウクライナからの呼びかけもあったが、各企業が「自発的」に実施した民間レベルでの経済制裁だ。

これまでも自然災害などで、企業が自発的に支援をおこなうことはあった。今回の難民支援などはその延長線にあるといえる。しかしこれだけ多くの企業が、制裁的な意味で特定の国での事業停止・撤退をおこなうのは初めてだ。

熱しやすく冷めやすい支援活動

今日では民間企業も「善き企業市民」として行動することを、世論はもちろん株主からも求められている。民間企業がこのような行動をとる場合、利害関係者である従業員・株主・取引先・顧客《こきやく》などへのリスクも勘案する。さらには近年では、環境・社会・企業統治（ESG）も踏まえた企業価値への配慮も欠かせない。そのうえでの決断だ。

民間企業の自発的な行動は、SNSなどによる同調圧力が引き起こしたともいえ、ブランド価値の毀損《きそん》を恐れる付和雷同的な傾向が垣間見えるのも確かである。大規模災害が生じた際の支援はその例だ。災害勃発《ぼっぱつ》時には繰り返し惨状《さんじょう》が報道されるので、「バスに乗り遅れるな」といわんばかりに、世間の同情も集まり、処理しきれないほどの支援物資が集まる。ただし報道が沈静化すると、世間からも徐々に「忘れ去られ」て支援も少なくなる。

ところが被災者にとって、災害はまだ終わっていない。そのうち別の新たな災害が発生して、そちらに世間の耳目《じもく》が集まると、「過去の被災者」は完全に忘れ去られる。

侵攻直後には大量の食品や生活物資などが提供されたが、それが侵攻から1年以上を経た現在も続いているという話は伝わってこない。衛星インターネットサービスのスターリンクは、侵攻直後にウクライナでサービスを無償提供したが、その後にマスクCEOはこの方針を見直す動きを見せている。

民間企業も「善き企業市民」である前に、合理的な経済主体である。ウクライナを支援することが、言い換えると「善き企業市民」を演ずることが好印象につながる場合には支援を続けるだろう。

しかし長期戦になると、そうはいかなくなる。支援も企業にとっては「持ち出し」だ。ウクライナ侵攻から半年くらい経った頃から、民間企業のなかにはウクライナ支援を再検討する企業が出始めている。ウクライナとロシアを比べたら、当然ロシアのほうが市場としての魅力は大きい。政治的にはともかく、ロシアを敵に回してまでウクライナを支援するのは、経営的観点から長期的に損失ではないかという計算も働く。

またウクライナに対する国際世論の「同情」も、比較的短期で「熱が冷める」可能性は小さくない。そうなると「善き企業市民」が、ウクライナへの支援を続けることの必然性も薄れてくる。

ハイブリッド戦などで国際世論を味方につける努力は国防にとって必要条件だが、過度な期待は禁物だ。

4 無人機(ドローン)の活躍

どんな形、用途があるのか

軍用から民生品まで——「制空権」の実態が一変

ウクライナ侵攻と無人機

『旧約聖書』の「サムエル記」に、ペリシテ人の大男ゴリアテに羊飼いの少年ダビデが挑む場面がある。ロシア軍の戦車や装甲車両に襲いかかる無人機は、このダビデとゴリアテの戦いを思い起させる。

ただウクライナ侵攻では、攻守双方が各種無人機を投入している。これまで高機能の軍用無人機が実際に使われたことはあるが、今回は高性能な従来型から市販のラジコンのような物までが多数投入されている。さながら無人機のハイブリッド戦の様相を呈した感がある。

投入された無人機のなかでも侵攻当初に名を上げたのが、トルコ製の「バイラクタル（ＴＢ２）」だ。ＴＢ２は偵察・攻撃用の大型無人機で重量６５０kg、飛行速度１３０km、滞空時間24時間、レーザー誘導ミサイル２発搭載可能である。ウクライナがＴＢ２を配備し始めたのが２０２１年７月で、ロシアの侵攻が始まる約半年前のことだ。高性能なだけに価格も高く、黒海でロシア海軍の巡洋艦「モスクワ」を撃沈した「ネプチューン」地対艦ミサイルの数倍するという報道もある。

ウクライナは初めにＴＢ２をロシア軍の地対空ミサイルの制圧に投入し、その後は偵察と戦闘車両攻撃、さらには指揮所・通信所攻撃に投入した。当初ＴＢ２はロシアの対空火器に墜《お》とされるのではないかと思われていたが、やられたのはロシア軍のほうだった。ただロシア侵攻時の保有数は20機ほどに過ぎなかった。

このほかにウクライナは、米国から「スイッチブレード」などの無人機数百機の提供を受けている。スイッチブレードはＴＢ２のような「偵察・攻撃型」ではなく「自爆型」で、重量２・５kg、滞空時間は15分の小型無人機だ。

変わった無人機に、オーストラリアが開発した段ボール製の「コルボＰＰＤＳ」がある。戦場の消耗品と徹底的に割り切った低価格・小型の組み立て式で、場所をとらない平箱包装で輸送できる。段ボール表面はワックス加工されていて、多少の雨で濡れても運用に問題ない。航続距離が120㎞、GPSを使った自律飛行が可能で、GPSが妨害を受けてもソフトウェアが速度と方向からおおよその位置を算定して飛行できる。コルボPPDSは毎月100機がウクライナへ送られている。

ウクライナでは民生品の無人機が多用されている。市販品のため操作が簡単なこともあり、兵士ではなく一般市民が運用している場合も多い。無人機で空撮された映像・画像はSNSで共有され、ロシア軍による戦争犯罪の立証や攻撃被害の復旧調査にも用いられている。

ただしウクライナ市民が所有する民生用無人機の大半が中国DJI製だ。DJI製無人機は世界市場の7割近くを占めており、ロシア軍も利用している。そして侵攻が始まった直後のウクライナ国内では、そのDJIが開発した無人機検知システムの多くが機能不全となり、不審な無人機の探知・識別ができなくなった。ちなみにロシアが使っている同じシステムは正常に稼働していた。

ウクライナ政府は、DJI製無人機は安全が担保されないとして、通信ネットワークに接続しないように指示を出した。これに代わるものとして、米国製の民生用小型無人機がウクライナに供給されている。そのDJIは2022年4月に、ロシア軍侵攻への関与を避けるため、ウクライナ・ロシア両国での事業を一時停止すると発表した。

2019年5月に米国土安全保障省は、中国製無人機が集めた情報が中国政府の手にわたっている可能性を指摘していた。サイバー戦の領域は、このようなところまで広がってきている。

なぜウクライナの無人機は優位に立てたか

ウクライナの無人機は、米英などからの情報支援によって善戦している。米国は衛星情報などを基にロシアの侵攻をほぼ正確に予測しており、国連その他の場で警告を発していた。それを受けてウクライナは、ＴＢ２など高価・高機能の無人機を分散退避させて第一撃での損耗《そんもう》を回避した。その後も各種の戦術情報が米国を中心に提供され、ウクライナ軍の標的選定を支援したと見られる。ウクライナ側も多種多様の無人機を持っており、安価で多数保有している民生品無人機で偵察をおこない、攻撃には高機能の軍用無人機を充《あ》てるといった役割分担もおこなっている。

ウクライナは総数６０００機以上の無人機を利用しているといわれており、目的や任務の難易度に合わせて各種無人機を利用できる。攻撃に関しても単に火炎瓶を落とすだけのものから、レーザー誘導ミサイルを発射するものまである。

段ボール製の簡易な無人機は敵の位置を確認するだけでよい。敵の位置情報が得られたら、そこに向けてミサイルや砲弾が撃ち込まれる。またラジコン型の無人機が、引火しやすいタンクローリーの上に火炎瓶を投下すると燃料輸送が麻痺する。こうした攻撃は費用対効果がすこぶるよい。

ロシア軍にしてみると、軍用無人機が戦車や通信拠点を狙うだけでなく、民生用無人機が塹壕《ざんごう》や後方の物資集積所にまで現れるので気が休まらない。こうしてウクライナの無人機が制空権を握った。逆にロシア軍の無人機は低調のようだ。その理由の１つがウクライナの仕掛けている電波妨害で、このためロシア軍は無人機を飛ばせないことが多い。この電子妨害は、米国などが支援していると見られている。

自衛隊における活用——人員の「補完」から「代替」へ

スウォーム攻撃の危険と対抗手段

無人機による攻撃で脅威なものの1つに、一度に多数の無人機を制御しておこなう「スウォーム（群）攻撃」がある。その無人機制御技術も日進月歩だ。無人機の同時飛行数のギネス世界記録は3281機で、韓国の現代（ヒュンダイ）自動車が上海で開催したイベントで2021年5月に記録された。各無人機にはLEDが備わり、無人機が夜空に絵や文字を浮かび上がらせる。ちなみに同年7月の東京オリンピック開会式の演出では1824機が使われた。

もちろん、このような制御技術は軍事転用が可能だ。3000機を超える無人機が制御されて攻撃に用いられると、守る側としては防ぎようがない。まさに飽和《ほうわ》攻撃だ。

さすがにこれだけの数の無人機によるスウォーム攻撃がおこなわれた事例はないが、2019年9月にサウジアラビアの石油精製施設が攻撃された際には、18機の無人機とミサイル7発が同時に使われている。石油精製施設はパトリオット地対空ミサイルや近接防空システムが配備されていたが、攻撃はそれらを潜り抜けた。

無人機は制御を受けておらず、それぞれは独立して自律飛行をおこなった。この攻撃で日産570万バレルの石油生産が2週間ほど止まった。当時の日本の石油輸入量は1日当たり315万バレルだったので、その倍近い石油供給が無人機18機とミサイル7発で中断されたことになる。本気で制御すれば、その100倍を超える数で無人機攻撃を仕掛けることも可能だ。

このような無人機攻撃、スウォーム攻撃への対抗手段にはどのようなものがあるのか（図表19）。

図表19　無人機の対処手段・対処方法

対処手段	対処方法
網による捕獲	回転翼・推進部に網を絡ませて墜落させる
物理的な攻撃	防空システム（機銃・ミサイル）による撃墜
電波妨害	電波妨害で無人機制御の通信を遮断する
サイバー攻撃	無人機や制御システムへのサイバー攻撃
高出力レーザー	レーザーエネルギーによる破壊
高出力マイクロ波	無人機内部の電子基板を損傷させる

出所：吉武宣之「ドローンの対処手段と対処装備品について」『防衛技術ジャーナル』No.503（2023年2月）より作成。

侵攻初期にウクライナの無人機が成果を出したのは、ロシア軍が防空システムの構築に間に合わなかったためとも見られている。ロシア軍の態勢が整うとレーダーで無人機を探知し、電子戦システムを使って通信妨害もおこなっている。また機関銃や対空ミサイルで少しずつ撃墜できるようにもなってきている。このためウクライナ軍は、高価なＴＢ２の使用を制限している。

物理的攻撃や電子戦技術活用（電波妨害）のほかに、無人機撃墜用の高出力レーザーの研究も進んでいる。また無人機対処技術として有望視されているものに高出力マイクロ波がある。マイクロ波は電子レンジなどでも使われている。

これを強力なビーム状にして無人機に照射し、内部の電子基板に損傷を与えて撃墜させる。この方法であれば、大量の無人機によるスウォーム攻撃の防御も期待できる。

２０２２（令和４）年12月決定の「国家防衛戦略」には「指向性エネルギー兵器等により、小型無人機等に対処する能力を強化する」とあり、「防衛力整備計画」でも「ドローン・スウォームの経空脅威に対して、経済的かつ効果的に対処するための技術」として高出力レーザーと高出力マイクロ波の研究を継続すると記されている。

自衛隊の無人機（ドローン・UAV）導入

自衛隊での無人機（ドローン・ＵＡＶ）利用の歴史は、その定義にもよるが意外と長い。当初導入されたのは射撃訓練用の無人標的機で、昭和50年代には米国製のものが配備された。変わったものとしては、用廃となったＦ-１０４戦闘機を無人操縦機に改造したＵＦ-１０４がある。１９９２（平成４）年から硫《い》黄島《おうとう》基地で運用され、合計13機が戦闘機の訓練で「撃墜」された。試験用の１機は生き残って、航空自衛隊浜松基地に隣接している広報館（エアーパーク）でＦ-１０４に戻して展示されている。

なお米軍は湾岸戦争では、有人機で爆撃をおこなう際に無人標的機を囮《おとり》として飛ばして、イラク軍の注意を引きつけた。

次に導入されたのが偵察用だ。民生用無人機を偵察・情報収集用に導入し、イラク人道復興支援（２００３～09年）でも利用されている。その後は自衛隊用の装備品として偵察用の各種無人機が開発された。これら偵察用無人機は、災害時の情報収集用としても利用される。

三沢基地で運用されている偵察用の無人機RQ-4（出典：防衛省）

偵察用の最大・最新型が米国製のＲＱ-４で、航空自衛隊三沢基地の偵察航空隊で3機が運用されている。RQ-4は高高度長時間滞空型の無人機(UAV)で、重量3・7トン、最大速度マッハ0・5、航続時間36時間以上、航続距離2万2780㎞で東京—ロンドン間(9600㎞)を無給油で往復できる。用途は情報収集・警戒監視・偵察などだ。

2022(令和4)年度から防衛装備庁では「自律向上型戦闘支援無人機」の研究に着手している。これは「有人戦闘機の連携を目指し」(「令和3年度 政策評価書」)たもので、有人戦闘機(次期主力戦闘機)と編隊を組んで防空作戦に当たることが想定される。

有人戦闘機と無人戦闘機が編隊を組む運用については各国で研究が進んでいる。

ヘリコプターからUAVへ

2022(令和4)年12月に閣議決定された「防衛力整備計画」では、陸上自衛隊の対戦車・戦闘ヘリコプターと観測ヘリコプターの廃止を進め、その機能をUAVに移管することが明記された。またP-1哨戒機も滞空型UAVの導入に合わせて取得数が見直される。

もともと無人機に与えられた役割は、標的や敵地での偵察といった「危険任務」を人に代わって遂行することにあった。しかし危険任務も戦闘分野へと拡大し、同時にUAVの存在は人員の補完から代替へと移っている。

さらにUAVの任務は、洋上広域哨戒などの平時の警戒監視にも広がった。これはUAVの活用範囲を、「人員の代替」方向に推し進めたものだ。

日本周辺では中国や北朝鮮、ロシアなどの軍事活動が活発となり警戒監視の頻度は上がっている。地球温暖化の影響で大規模自然災害の発生件数も増え、災害派遣の要請は右肩上がりだ。それでも自衛官の数は増えない。ＵＡＶの導入には、それを補う効果が期待される。労働集約的な組織から資本集約的なそれへの移行である。

コストダウンにもかかる期待

ＵＡＶ導入の利点は、人員と費用が節約できる点にある。警戒監視用のＵＡＶ（ＭＱ-９）の飛行時間当たりの整備費用はＦ-15戦闘機の約35分の１という試算もある。

尖閣諸島にも投入されるE-767早期警戒管制機（出典：防衛省）

２０１７（平成29）年５月に中国公船が尖閣諸島付近で我が国の領海を侵犯し、その上空を無人機が領空侵犯したが、これに対処するためにＦ-15戦闘機２機（乗員１～２人）、Ｅ-２Ｃ早期警戒機１機（乗員５人）、Ｅ-７６７早期警戒管制機１機（乗員約20人）が投入された。これらを運用するためには地上では整備、誘導、管制の人員も要る。

この一部をＵＡＶで代替すれば、運用に必要な経費や人員数を絞り込むことも可能だ。

実際に対領空侵犯措置としてのスクランブル（緊急発進）数が増加傾向にある。レーダーによる警戒監視で発見した国籍不明機が領空侵犯する恐れがある場合、戦闘機をスクランブルさせる。２０２２（令和４）年度はこの回数が７７８回と比較的少なかったが、２０２１年度は１００４回と過去２番目の多さだった。

なお最近は、先に述べたような無人機による領空侵犯も発生している。

海を行く自衛隊の無人機

無人機は空を飛ぶだけでなく、水上を航行すれば海にも潜る。海上自衛隊では早くから機雷処分用の水中無人機を導入していた。これは陸上自衛隊での無人機導入のように、危険作業を避ける目的があった。しかし初期には機械の信頼性も低く、湾岸戦争後にペルシャ湾へ派遣された掃海（機雷除去）部隊では、8割以上の機雷は水中処分員（潜水士）の手で処分した。

ただし現在は、機雷処分用の水中無人機の開発・導入が進んでいる。理由の1つは機器の信頼性が向上したことにある。また機雷も高性能化して、人が潜ることのできる限界（水深100m程度）より深いところに設置されるものもある。

このタイプの機雷は海底に設置され、センサーで船艇の通過を探知すると、爆薬部分（小型魚雷の場合もある）が海底から発射されて追尾命中する。このような深い海底の機雷も、無人機を送り込めば対処できる。

もう1つは島嶼《とうしょ》防衛だ。我が国は海に囲まれており、本土から離れた多くの島嶼が存在する。島嶼部が侵攻を受けた場合には、侵攻阻止に必要な部隊等をその地域に迅速《じんそく》かつ確実に輸送する必要がある。相手側もそれを妨げるために、侵攻した島嶼周辺に機雷を敷設するだろう。部隊の派遣のためには、掃海による輸送の安全確保が必須である。

有事であれば、掃海を広域にわたって短時間でおこなわなければならないが、それを人力だけに頼るのは無理がある。そこで無人機の活用となる。

機雷捜索処分・掃討用の水中無人機だけではなく、機雷戦用の無人水上艇も現在開発中だ。ここでも無人機は質（深度）と量（時間）の両面で、水中処分員の補完から代替へと役割を変化させ始めている。

5 民間軍事警備会社（PMSC）の台頭

傭兵に回帰するか

PMSCの現状と課題——いまなお隆盛する理由

傭兵《ようへい》から会社への脱皮

傭兵の歴史は、人間社会の歴史と同じぐらい長い。エジプト古王国（紀元前2650〜前2150年頃）で傭兵が用いられた記録があるようだが、実際にはそれ以前にも傭兵は存在しただろう。しかし近代に入って各国で徴兵制に基づく国民軍が編成されると、傭兵に対する需要はなくなった。そして「金銭目当てに戦闘に参加することは倫理的に問題がある」ということで、戦時国際法でも傭兵は保護の対象外となった。

ところが冷戦終結で潮目が変わった。冷戦が終わったことで、兵士も装備も多く抱える必要がなくなった。それと同時に統治機構の弱い国では、大国の抑えが外れて内戦や地域紛争が増加した。この内戦・紛争の増加と余剰となった兵士・装備を結びつけることが、「事業」として発生するのは自然なことだ。解雇された兵士のなかで商魂たくましい者が起業する、また軍の兵站《へいたん》役務を請け負っていた会社が事業の幅を広げるなどの形で、民間軍事会社（Private Military Company：ＰＭＣ）が現れた。

攻撃的な戦闘任務に携わらない限り、言い換えると護衛・警備や兵站などのサービス提供をおこなっているＰＭＣは、武装をしていても一般に「傭兵」とは見なされない。しかし当初は攻撃任務を請け負う「傭兵会社」のような企業があり、内戦に介入して戦況を逆転させたこともあった。

なぜＰＭＣに非難が集まったのか

ＰＭＣが雨後の筍《たけのこ》のように現れたのは、イラク戦争（２００３年）とその後の安定化作戦のときだ。護衛・警備や兵站などの需要が急増し、それに応える形で新しくＰＭＣが次々と新設された。

ただしこれには問題が多かった。１つは資質の問題だ。短期間で大量に採用された「職員」が、訓練や教育も不十分なまま戦場での任務に就く。当然、彼らが提供するサービスは要求水準を満たさない。そのうえ、彼らも自衛のための銃器は持っているが誤射で現地住民を殺傷し、さらには暴行や掠奪《りゃくだつ》を働く者も出た。

ところがＰＭＣは地位協定や契約で、現地の法律に拘束されないことになっていたために、このような者たちが罪に問われることがほとんどなかった。

そしてもう１つは商道徳の問題だ。提供された役務の品質が要求を満たしておらず、水増し請求される例も後を絶たなかった。加えて大手ＰＭＣが、受注した事業を顧客に無断で中小企業へ下請け・孫請けに出すことも頻繁にあり、事故が生じても責任の所在が曖昧《あいまい》となった。

このため国内外でＰＭＣに対する強烈な非難が沸き上がった。さすがにＰＭＣ側にも自浄努力の必要性を認識させ、とくにＰＭＣが多く存在する米英両国では、政府と協働して企業倫理の確立を図り、「問題のある企業」は業界団体から追放処分にするなどの措置が取られた。

また国際的にもＰＭＣと各国政府が協力して、ＰＭＣに対する契約国・活動地域国・本拠地所在国の責任を明確にし、ＰＭＣそのものに倫理的行動規範を守らせる努力が重ねられた。

こうして２０１０年頃からＰＭＣは業務の軸を、武装警備から危機管理の助言・アドバイスに移すようになった。また自らの業種も、民間軍事「警備」会社（Private Military/Security Company：ＰＭＳＣ）と称するようになっている。

危機管理の総合商社へ

ＰＭＳＣの業務は、危機管理の指導・監督、重要施設やイベントの警備（武装／非武装）、住宅の防犯監視、空港荷物検査、軍・警察の業務受託、刑務所運営受託などに及んでいる。

海賊対処の場合は事前の訓練や避難計画の策定、航海時の武装／非武装警備、被害に遭った場合の船舶・船荷の奪還《だっかん》や人質を取られた際の身代金交渉、報道機関対応なども手掛ける。まさに「危機管理の総合商社」だ。

世界最大のＰＭＳＣであるＧ４Ｓはロンドンに本社があり、世界90か国で事業を展開、日本での拠点は横田基地の近くに置いている。従業員数が全世界で50万人、年間売上高は日本円換算で１兆円に上る。職員数では英仏独伊の軍隊や自衛隊の人数を大きく上回り、売上高はノルウェーやスウェーデンの国防支出に匹敵する。

合併を繰り返してきた同社の前身社の1つは、2004年に盗難・暴行・子供の兵士募集が相次いだルワンダ難民キャンプの警備・治安維持の依頼を緒方貞子《おがたさだこ》・国連難民高等弁務官らから受けた。もっとも金額が折り合わず、このときは契約に至っていない。また日本が2005年度に実施した、イラクの「ムサンナー県警察訓練プログラム」事業を受託した会社も、2008年にG4Sが吸収合併した。

ただG4Sによる英国や南アフリカでの刑務所運営受託では、人権侵害や虐待の問題が指摘されている。

PMSCは世界各地で「事業」を手掛けていることから、彼らの経験値が自国の防衛を任務とする軍を上回る場合が出てくる。そうなると業務請負の価格や条件などの交渉において、政府や軍といえども不利な立場に置かれることになる。いわゆるプリンシパル（委託者）＝エージェント（受託者）問題の発生だ。受託者は、委託者の最善の利益のために行動するとは限らない。

もっともこれは現代に始まった話ではない。中世でも傭兵隊長が兵士の数を水増しして、「幽霊傭兵」分の給料を着服したり、兵士として使い物にならない者を雇う例は後を絶たなかった。

このようなことは、委託者と受託者のあいだに情報の非対称性が存在することから生じる問題だ。つまり傭兵・PMSCという業種特有というよりは、高い専門性が求められる業種には必ずついて回る問題で、知識や経験に劣る雇う側には判断のしようがない。

傭兵型ＰＭＳＣの復活――日本の安全保障にどう関わるか

ロシアにおける傭兵型ＰＭＳＣの登場

「危機管理の総合商社」へ向かう流れと一線を画する動きもある。ウクライナ侵攻で有名になった、ワグネル・グループがその代表格だ。

ロシアで現在のようなＰＭＳＣの原型ができあった契機は、やはり１９９１年12月のソ連崩壊だ。冷戦終結と連邦崩壊で軍の規模は縮小され、失業した元軍人と廃棄された武器や装備品が市場に流れ出した。

一方、政治財政基盤が脆弱《ぜいじゃく》なまま独立国となった旧ソ連諸国では、治安が悪化し、公務員の腐敗が著しかった。

つまり警察はあてにできない。ここで供給と需要がつながる。一部の富裕層や商工業者が、元軍人を集めた民間警備会社と契約し始めた。

こうした元ソ連兵を中心としたＰＭＳＣは、次第にアフリカ諸国を活動の場とするようになった。アフリカの多くの国では、冷戦期にソ連の軍事援助を受けていたので、旧ソ連製の武器が多く配備されていた。

小銃や肩撃ち式ミサイルなどの個人携帯火器だけでなく、戦闘機や武装ヘリコプター、戦闘車両などの高性能・大型武器にもソ連製が多く、操作に慣熟《かんじゅく》した旧ソ連兵が活躍できる場だった。

戦闘機やミサイルも扱うワグネルの暗躍

特殊任務用に傭兵の訓練などをおこなっているアンチテロ・グループは、ロシアの傭兵型PMSCの源流のような存在だ（図表20）。そこから独立したモラン・セキュリティは、海賊対処の海上警備事業を中心に活動し、武装警備船も保有している。同社はロシアの傭兵禁止の国内法を逃れるため、香港でスラヴォニック・グループを設立し、2013年に過激派組織イスラミック・ステート（IS）からの石油ガス施設奪還作戦に参加した。これはロシアがシリア内戦に介入（2015年9月）する2年前である。

このスラヴォニックのシリア作戦に参加していた、ロシア参謀本部情報総局（GRU）特殊作戦旅団出身のドミトリー・ウトキン元中佐が2014年に設立したのがワグネル・グループだ。プーチン大統領と親しい新興財閥（オリガルヒ）のエフゲニー・プリゴジンが実質的に所有しており、ワグネルは「プーチンの私兵」と揶揄《やゆ》されている。

ワグネルは同年にシリアとウクライナ東部のドンバスで活動を開始した（図表21）。翌2015年、リビア内戦ではワグネルは、シリアから戦闘員をリビアに移転させ、狙撃兵も含めて800〜2000名を投入した。また同社は、MiG-29、Su-25などの軍用機や野戦砲、S-1地対空ミサイルなどをリビアで運用し、無人機を用いた情報収集・偵察活動もおこなっている。こうしてワグネルは、リビアの石油・天然ガス施設を掌握したと見られている。

スーダンでもワグネルは活動しており、財政に余裕のないスーダン政府は見返りに金鉱採掘権を同社に供与した。マダガスカルでは政府軍に軍事訓練を提供し、2018年の大統領選では希少鉱

図表20　ロシアの主なPMSC

社名	主な活動地域
アンチテロ・グループ	イラク
モラン・セキュリティ・グループ（アンチテロ・グループから分離）	ソマリア、ナイジェリア、UAE、シリア、アフガニスタン、イラク、ナイジェリア
RSBグループ（同上）	ウクライナ、リビア、アフリカ海域、スリランカ
リドゥート・アンチテロ・センター（同上）	シリア、アブハジア*、イラク、ソマリア
スラヴォニック・グループ（同上）	シリア、ウクライナ
ワグネル・グループ（スラヴォニック・グループから分離）	ウクライナ、シリア、リビア、ベラルーシ、マリ、ボツワナ、ブルンジ、中央アフリカ、チャド、コモロ、コンゴ、赤道ギニア、ギニア・ビサウ、マダガスカル、モザンビーク、ナイジェリア、南スーダン、スーダン、ベネズエラ
ルビコン・セキュリティー	ボスニア・ヘルツェゴビナ
シット	シリア
MAR	ウクライナ、南オセチア、シリア、リビア、アブハジア*、トランスニストリア
E.N.O.T	ウクライナ、シリア、アゼルバイジャン、ベラルーシ、セルビア、タジキスタン

* アブハジアはジョージアの一部で、2008年にジョージアからの独立を承認したロシアがロシア化を進めている。

出所：Seth G. Jones, *Russia's Corporate Soldiers: The Global Expansion of Russia's Private Military Companies* (Washington, DC: CSIS, 2021)

図表21　ワグネル・グループの主な活動

2014年	ウトキン元GRU中佐が設立
2014年	シリアと東部ウクライナで活動
2015年	リビアに転戦…サウジアラビアが資金提供
2018年春	スーダン政府軍の訓練開始：金鉱山採掘権が見返り
2020年7月	ベラルーシ大統領選に際して騒乱を画策
2022年2月	ウクライナ侵攻に参加：ゼレンスキー大統領らの暗殺を試みる

物・石油・農産物の権益と引き換えに、現職に有利な情報・広報活動を実行した。モザンビークではイスラム系武装勢力を掃討して、天然ガスを代金として獲得している。さらに2020年7月にはベラルーシの大統領選に関連して騒乱を画策したとして、ワグネルの戦闘員32人がベラルーシで逮捕・拘束《こうそく》された。

これらの活動が平和・安定を乱し人権を侵害しているとして、ワグネル・グループはウトキン元中佐を含む同社幹部8人、関連会社3社とともにEU（欧州連合）より2021年12月から経済制裁を課されている。

そして2022年2月に始まったウクライナ侵攻では当初から戦闘に関与し、ゼレンスキー大統領を含めたウクライナ政府高官20数名の暗殺を企てたのはすでに述べたとおりだ。その後は恩赦と引き換えに刑務所で募集した囚人兵を5万人ほど戦線に投入していると報じられている。

ワグネルも、国防省との関係がぎくしゃくしてきており、「プリンシパル－エージェント問題」とは無縁でないようだ。

なお2022（令和4）年3月以降、日本政府が実施している資産凍結の対象個人・団体に、ワグネルのほかにウトキン、プリゴジンが指定された。

中国のPMSCは海上進出するか

大きな流れとして西側のPMSCは、武装警備を含む警備業務や知的支援（ノウハウ提供）、後方支援を中心とした業務を展開している。軍が顧客の場合には装備品の維持修理や兵站・補給などを請け負う垂直分業で、武装警備はおこなっても戦闘や攻撃任務には加わらない。

このように西側では「体で稼ぐ会社」から「頭で稼ぐ会社」へ変化しつつあり、これに国際世論が果たした役割は大きかった。

ところがロシアでは、国際法や規制に縛られない形での傭兵的な水平分業で事業を展開しているＰＭＳＣが多く存在する。軍と同じように戦闘部門と支援部門を抱え、独立した戦闘組織としての自己完結性を有する。そして正規軍が表立っておこなうことができないような任務を肩代わりしている。これには攻撃任務も含まれる。

このように西側では見られない傭兵型ＰＭＳＣがロシアでは台頭している。ロシア政府からの需要がある限り、この傾向は変わらないだろう。中東やアフリカでの傭兵型ＰＭＳＣの活動も、各社が自力で市場を開拓するというよりは、ロシア政府の対外政策の一環として活動している。

日本にとっては、ロシアにあるような傭兵型ＰＭＳＣを中国が保有しないかが気になるところだ。現在40社近い中国系警備会社が、南アジア・中央アジア・中東・アフリカで活動しており、なかには「武装警備」をおこなっている企業もある。これら「警備会社」がロシア的な傭兵型ＰＭＳＣに発展し、紛争時に破壊工作・情宣活動に投入される可能性は捨て切れない。

そうなると、彼らの行動は陸上に留まらないだろう。中国の海軍や海警局の尖兵《せんぺい》となっている海上民兵の、さらにその露払《つゆはら》いとして中国の海上ＰＭＳＣや偽装漁民が動員される危険がある。２０１４年２月のクリミア半島侵攻や２０２２年２月のウクライナ侵攻でＰＭＳＣが果たした役割を、彼らは海上や島嶼で再現するかもしれない。まさにグレーゾーンでのグレーな存在となり得る。

理解を深める用語と知識〈第3章〉

1 それはついに始まった

クリミア戦争（1853～56年）
帝政ロシアの南下政策を象徴する戦争

ロシアの南下政策と、その阻止を図るオスマン帝国（のちのトルコ）・英国・フランス・サルジニア（後にイタリアを統一する）との戦争。主な戦場は黒海沿岸だったが、クリミア半島から8000㎞離れたカムチャツカ半島でもロシアと英仏連合部隊が小規模な戦闘を交えた。

ロシア軍が立てこもったクリミア半島のセヴァストポリ要塞では、1年間にわたって激しい攻防戦が繰り広げられた。最終的にはロシア軍が要塞から撤退して、黒海の制海権も英仏側が握ることとなった。

1856年3月に締結された「パリ条約」では、オスマン帝国の領土保全、ダーダネルス＝ボスポラス海峡の通航制限、黒海の中立化が確認され、ロシアの南下は阻止された。

また産業革命を経験した英仏と未経験のロシアとの軍事技術格差も明らかとなった。

さらにこの戦争で財政事情が悪化したロシアは、領有していたアラスカを米国に売却した（1867年3月）。

戦争を通じた動員兵力はロシア90万、オスマン帝国17万、英国10万、フランス31万、サルジニア2万であり、19世紀半ばとしては米国の南北戦争（1861～65年）に次ぐ大規模戦争だった。なお南下政策の一環で、ロシアが次に直面する大規模戦争が日露戦争（1904～05年）である。

平和の配当
世界が平和だった十数年間とは

平和の配当とは、1989年の冷戦終結で、軍事目的の財政支出や技術開発が軽減されること。こうして生じた余裕が、民生産業支援や途上国開発などに向けられる期待があった。

西側では欧州NATOを中心に軍備縮小が進み、日本でも陸上自衛隊の編成定数、海上自衛隊の護衛艦数や航空自衛隊の作戦機数の削減があった。

しかし2001年9月の米国同時多発テロが勃発《ぼっぱつ》し、2007年頃から海賊の活動が活発となり、軍にはこれらへの対応が求められるようになった。さらに東アジアでは中国が経済力の進展に合わせて軍備拡大・海洋進出を続け、北朝鮮は弾道ミサイルの発射を繰り返すなど緊張が高まっている。

2014年3月にはロシアがウクライナ領クリミア半島に軍事侵攻して「力による現状変更」の意図をあらわにし、2022年2月にはウクライナに侵攻した。これを受けてNATO諸国や日本は国防支出の増額を決定する。

米国の経済学者ケネス・ロゴフは、2022年3月3日付の『ガーディアン』紙に「プーチンのウクライナ侵攻は平和の配当を消失させた」との論説を寄稿。『フィナンシャル・タイムズ』紙も2023年3月6日付紙面に「平和の配当の終焉《しゅうえん》」と題する社説を掲載している。

2 SNS戦

軍用クラウド
軍隊にも波及するIT進化の波

データをクラウド化することで、膨大なデータの処理が効率化されると同時に、高度なセキュリティ機能を備え、データの保護や暗号化、アクセス制御の管理の厳格化が期待できる。

また広域に展開している部隊間での情報共有

や、攻撃などに対するデータ保全の点でも有利である。

軍用クラウドは通常、業務系・作戦系などの機能別システムやデータなどを格納している。データは情報システムやセンサーなどからも集められ、クラウド対応の武器・機器などから利用できる。こうして場所や時間を問わず、システムや情報を組織・部隊間で共有化を図ることができる。

米国の「ジョイント・ウォーファイター・クラウド・ケイパビリティ（JWCC）」や、英国の「ディフェンス・デジタル・サービス（DDS）」などがある。これらの軍用クラウドは国防省・軍だけではなく、一部は他の政府機関や防衛産業も利用している。

これら米国や英国での軍用クラウドは、アマゾンやオラクル、グーグル、マイクロソフトなどの大手が提供している。

暗号資産と資金援助
戦火のウクライナで重宝している事情

暗号資産（仮想通貨）とはインターネット上で取引ができる通貨で、代表的なものにビットコインがある。電子情報として記録され、ドルや円などの法定通貨と交換でき、銀行などを介さずに送金もできる。

ウクライナ政府は暗号資産による寄付を呼び掛けており、それを使って食糧や市販軍需品を購入している模様だ。

戦時には現金は掠奪《りゃくだつ》・盗難や、敵による接収の危険がある。戦時に敵の占領をうけると、官公庁や報道機関と並んで金融機関も占領軍に接収される。

しかし暗号資産はデータとして保管・記録されているので、クラウド上に置けば掠奪・盗難・接収の心配はない。

また暗号資産は、携帯電話がつながる環境であれば金融取引ができる。銀行の場合には、データセンターやそれに接続する通信網が攻撃を受けると機能が停止する。

それに比べて携帯電話の基地局は桁違いに数が多いうえに、最寄りの基地局が破壊されても、稼働している基地局の近くまで移動すれば通信は復活する。

銀行のような集中管理システムと異なり、暗号資産のシステムは分散されているので攻撃に対して耐性がある。

暗号資産の管理運営には膨大な量の電力を必要とするが、もともと原子力発電比率の高いウクライナは電力価格が安く、暗号資産を活用するに有利な立場にあった。

なおウクライナはロシアの侵攻以前から暗号資産の普及率が世界第4位だった。ただ暗号資産は価格が不安定なうえに、歴史はまだ浅く、通貨としての「市民権」を十分得ていない。

ちなみに暗号資産もハッキングされて盗まれる危険はある。とくに異なる暗号資産間をつなぐブリッジと呼ばれるところでの脆弱《ぜいじゃく》性が指摘されている。北朝鮮などはサイバー攻撃で暗号資産を窃取《せっしゅ》している。

3 経済制裁 第1次石油ショック（1973年10月）
戦争が世界経済を翻弄した事例

1973年10月6日に第4次中東戦争が勃発した。これは6年前の第3次中東戦争でイスラエルに占領された領土の奪還を目指して、エジプトとシリアがイスラエルに対して奇襲攻撃をかけたものだった。

米ソは武器の提供で本格介入し、イスラエルとアラブ側はそれぞれ数百機・数百両の航空機や戦車を受け取った。北朝鮮もエジプトの航空基地防空用にパイロットを派遣した。

奇襲の効果もあり、初めはアラブ側が優勢だったが、徐々に戦況は逆転した。そこで10月16日にOPEC（石油輸出国機構）は原油価格を1バレル3・01ドルから5・12ドルへ引き上げた。これは翌年1月には11・65ドルとなり、戦争前の4倍近い価格となった。

それまでは欧米のオイルメジャーが石油価格を操作してきたが、その主導権は産出国が握るべきだという「資源ナショナリズム」の結果であった。これが引き金となった「トイレットペーパー騒動」に日本中が翻弄《ほんろう》されたが、この発祥の地となったのが2023（令和5）年4月に閉店した大阪・千里《せんり》中央《ちゅうおう》のスーパーマーケットだった。

石油価格の高騰が世界経済に与える影響について先進国6か国（日・米・英・西独・仏・伊）で協議するため、1975年11月にフランスのランブイエで開催されたのが第1回先進国首脳会議（第2回からカナダが参加してG7）である。

4 無人機（ドローン）の活躍

軍用気球の歴史
なぜ昔もいまも活躍し続けるのか

気球は動力が無いため、係留するか（係留気球）、風任せの移動となる（自由気球）。上空の風向きは高度で変わるので、自由気球もバラスト投下（上昇）やガス放出（下降）による高度調整である程度の進行方向の調節はできる。

1783年にフランスのモンゴルフィエ兄弟が熱気球の有人飛行に初めて成功した。1794年の仏墺《ふつおう》戦争では係留気球が偵察と着弾観測に用いられ、1798年にエジプトへ侵攻したナポレオンは気球を使って現地のゲリラを威嚇《いかく》した。

1849年にオーストリア軍が200基の気球を使ってヴェネチアの爆撃を試み、市街地に爆弾1発を投下する「戦果」を得た。その後、南北戦争（1861〜65年）や普仏戦争（187

0〜71年）で気球が使われるが、主に上空からの偵察が目的だった。ただ普仏戦争でプロイセン軍に包囲されたパリから、通信文の搬送や市民の脱出にも気球が使われた。

日本では西南戦争（1877年）のときに偵察用気球の開発を始めたが、戦争に間に合わなかった。次に気球が用いたのは日露戦争（1904〜05年）で、旅順《りよじゆん》要塞・港湾の偵察用だった。大正から昭和初期にかけて、海軍でも着弾観測・潜水艦警戒用に艦艇への係留気球搭載がおこなわれたが実用的ではなかった。

偵察以外では、爆撃機の侵入を妨害する阻塞《そく》気球が各国で開発され、限定的な成果も挙げたが、飛行機の性能が向上すると役に立たなくなった。

有名な軍用気球には日本陸軍が第2次世界大戦で使用した風船爆弾がある。1944（昭和19）年11月から翌年3月までに約9000個が放球され、米国西海岸を中心に285個の到達が確認されている。

2023年2月4日に中国製の気球が、モンタナ州上空で米空軍のF-22戦闘機により撃墜された。米国はこれを「中国軍の偵察用気球」と発表している。人工衛星に比べると偵察用気球には、低高度をゆっくり進むという利点がある。また、気球の運用経費は格段に安い。

5 民間軍事警備会社（PMSC）の台頭

傭兵・義勇兵・外人部隊

禁止の対象となるもの、ならないものの違い

「傭兵」については、「1949年ジュネーヴ条約第一追加議定書」（1977年）と「傭兵禁止条約」（1989年）で定義されている。

両者の定義はほぼ同じで、要約すると「報酬目的で戦闘に参加している人で、紛争地域外に居住する非軍人」ということになる。

この定義に従うと、「義勇兵」は「戦闘に参

加している人で、紛争地域外に居住する非軍人」であるが、報酬目的ではなく義侠心《ぎきょうしん》に駆り立てられている点で傭兵と異なる。

スペイン動乱（1936〜39年）で活動した国際旅団はそれに当たる。当時の国際旅団を覆っていた雰囲気はヘミングウェイの『誰《た》がために鐘は鳴る』に描かれている。

また「報酬目的で戦闘に参加している人で、紛争地域外に居住する」者であっても、正規軍に所属していると傭兵ではない。同盟国などから派遣された兵士がこれに該当する。

それでは朝鮮戦争に参加した中国人民志願軍はどう定義されるか。名称は「志願軍」だが、共産党中央軍事委員会主席だった毛沢東《もうたくとう》の命令で中国軍の正規部隊が「名を変えた」もので、事実上の中国軍だった。つまり義勇兵ではなく、「紛争地域外に居住する非軍人」でもないので傭兵でもない。同盟国が派遣した正規軍ということになる。

外人部隊は1831年にフランスで結成されたものが有名だが、これを模範として1920年にスペインでも編成されている。彼等は正規軍に属しており傭兵ではない。

ウクライナ国土防衛国際部隊
現代版の国際旅団か

2014年2月のロシアによるクリミア半島侵攻を受けて、ウクライナ東部の反政府・分離主義者（親露派）とウクライナ政府との抗争が武力衝突（ドンバス戦争）に発展した。

このときに、ウクライナ政府は兵力不足を補《ほ》塡《てん》するため志願兵部隊「ウクライナ義勇大隊」を多数編成した。ウクライナ国民やロシアの少数民族が主な構成員だが、少数の西側出身者（日本人もいるといわれている）も義勇兵として参加した。

このようにウクライナでは、2022年のロシアによる侵攻以前にも、ロシアや親露派との国境紛争・地域紛争で外国人を含む義勇兵を募集していた。

ロシアによるウクライナ侵攻開始から3日後の2022年2月27日、ウクライナのゼレンスキー大統領が、国外からの志願者で「ウクライナ国土防衛国際部隊」を編成することを発表した。また翌月には同国の外相が、義勇兵志願者数は52か国から2万人を超えたと述べている。

西側諸国やチェチェン人などのロシアの少数民族に加え、反プーチン派のロシア人も志願している。彼らは部隊編成の主旨に鑑《かんが》みて、国際法上は傭兵ではなく義勇兵として扱われるものと考えられる。

第4章
22世紀を迎えるための安全保障の新・課題

すべてのイノベーションは事前的にはドン・キホーテ的で空想的熱狂的であるが、事後的には事務的日常的である。だから数人のドン・キホーテが案を発足させれば、多数の白け切った人が案を実現してくれる。白けた人は余るほどいるから、ドン・キホーテ不在が障碍《しょうがい》なのだ。

森嶋通夫『なぜ日本は没落するか』（２０１０年）

1 台湾有事

その時に備えて日本人が知っておくべきこと

日清戦争後の台湾平定（1895〈明治28〉年）——近代唯一の大規模戦

台湾の地理的特性

台湾の別名「フォルモサ」は「美しい」を意味するポルトガル語だ。16世紀に辿《たど》りついたポルトガル船員が台湾の美しさに打たれてそう呼んだらしい。中国語では「美麗島《びれいとう》」となり、ポルトガル船員の高揚感が漢字を通しても伝わってくる。

その台湾の中心都市・台北《タイペイ》は、鹿児島から南西へ1300㎞のところにある。台湾の面積は3・6万㎢で、日本の陸地面積（38万㎢）の約10分の1、九州（3・7万㎢）とほぼ同じぐらいだ。ここに日本の人口の約5分の1に当たる2300万人が住んでいる。ただ東アジアの例に漏《も》れず、台湾の合計特殊出生率（2020年）は0・99で、韓国ほどではないが中国や日本よりは低い。これは長期的な視点で台湾の安全保障を考える際の大きな制約条件となる。

台湾の陸地は山地・丘陵《きゆうりよう》地域が4分の3程度を占めており、平地の比率は残り4分の1である。その平地は台湾海峡に面して西側に広がっている。

山地・丘陵地域は東側に連なり、最高峰の玉山《ぎよくざん》（旧称：新高山《にいたかやま》）は標高3952mで富士山より高く、戦前は日本最高峰だった。太平洋戦争開戦前に、ハワイに向けて航行中の機動部隊宛てに発信された暗号電文「ニイタカヤマノボレ一二〇八（攻撃日を12月8日とする）」にもその名が現れている。

このような地形から、大陸から台湾海峡を真っすぐ横切ると台湾本島の平野部に到達するので着上陸には好都合だ。西側が平地で東側が山地という台湾の地形は、そのまま周辺海域の海底地形に続く。つまり台湾海峡は水深が浅くだいたい50mほどしかなく、地形的に機雷の敷設に適している。

図表22 海に囲まれた台湾

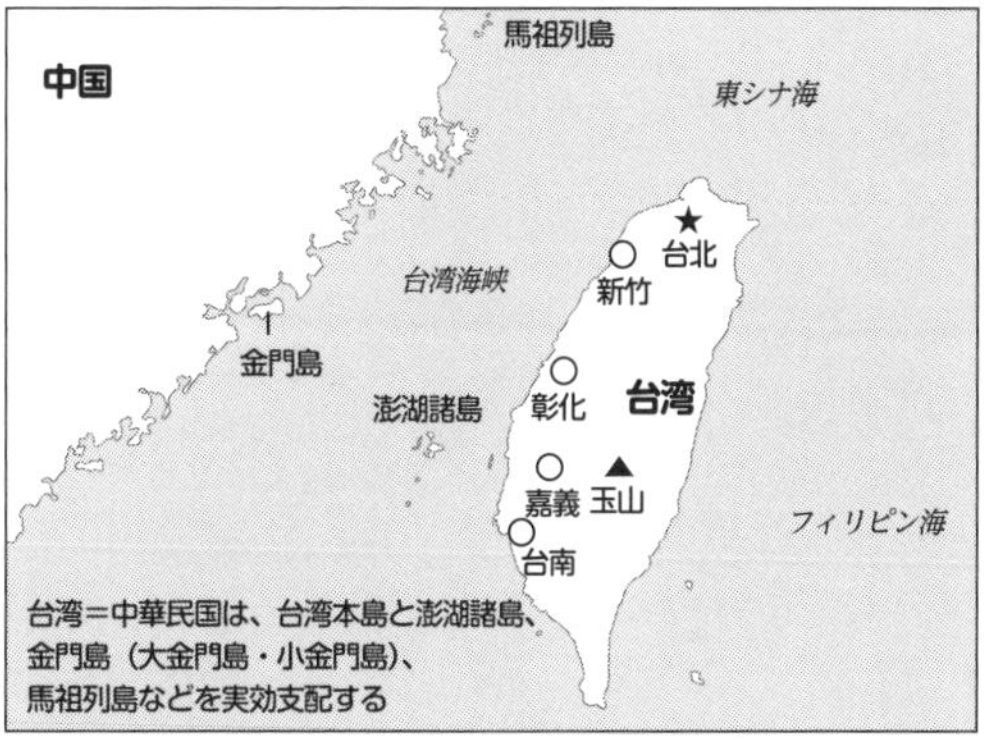

逆に台湾本島の東側と南側は沿岸から急に水深2000mに達する。海底地形は険しく海洋深層水も流れ込む。海洋深層水は非常に低温で、塩分濃度も低いことから音波の速度に影響を与えるため、潜水艦にとって敵の音波探知を避ける行動をとりやすい。

台湾は大陸対岸からは130km離れている。しかし大陸から2・1kmしか離れていないところの大金門島《だいきんもんとう》・小金門島、また10kmのところには馬祖《ばそ》列島など、大陸との至近距離に離島を抱えている。

この他に台湾が実効支配している島嶼《とうしょ》には、本島から南西に400km離れた東沙《とうさ》諸島、ベトナムとフィリピンのほぼ中間に位置する南沙《なんさ》諸島の太平島《たいへいとう》・中洲島がある。その位置関係から東沙諸島は中国が、太平島と中洲島については中国・ベトナム・フィリピンが領有権を主張している。

これら島嶼が点在し領有権の主張がせめぎ合う南シナ海は海上交通の要衝で、世界の海上貿易の約3分の1が通っている。

なお台湾は、尖閣諸島について自身の領有権を主張し続けている。

日本との関係でいうと、台湾北端と九州南端とのほぼ中間に沖縄本島がある。また台湾とグアムの中間には沖ノ鳥島《おきのとりしま》がある。沖縄には自衛隊のほかに米軍基地があり、グアムも米軍の重要拠点だ。そして台湾には、2万人を超える日本人が住んでいる。

台湾平定から見えること

近代に入ってから、台湾が大規模軍隊による「侵攻」を受けたことはない。ただ、日清戦争後の「下関《しものせき》条約」（1895年4月）で日本に割譲《かつじょう》されることになった際、それに反対する清国の残兵や一部住民が武装蜂起《ほうき》をおこなった。これに対して日本政府は陸海軍部隊を派遣して平定作戦を敢行した。

これは「台湾平定」（1895年5〜11月）と呼ばれ、外国軍隊による侵攻ではないが、台湾で大規模な近代戦がおこなわれた唯一の例である（1874年の「台湾出兵」については第4章の「理解を深める用語と知識」221ページ参照）。

下関条約の締結から台湾平定に至る紆余曲折《うよきょくせつ》は割愛《かつあい》し、ここでは台湾平定の軍事的な側面を簡潔に紹介する。

清国の残兵らは台湾の独立を画策《かくさく》して、1895年5月に「台湾民主国」の樹立を宣言した。この台湾側の兵力は清国軍の残兵が3万3000人程度だったが、義勇兵（民勇）については正確な数は不明である。ただ参謀本部は公刊戦史に「民勇ノミニテモ数万ニ達スルナラン」と記している。

問題は装備で、義勇兵に銃火器は十分行き渡らなかった。猟銃《りょうじゅう》などを含めても銃器の普及率は3～4割程度で、残りの者たちは刀や鉾《ほこ》、竹槍《たけやり》を持って戦った。

対する日本軍は2個師団（近衛・第二）で「南進軍」を編成した。師団とは陸軍の作戦単位で、1～2万人の兵士で構成される。歩兵・砲兵・騎兵・工兵・兵站（補給）の各種部隊で構成されている。「軍」というのは、複数の師団などで編成される戦術単位で、編成時につけられた名前が「南進軍」である。

図表23　台湾平定（明治28〔1895〕年5～11月）の兵力

日本軍（南進軍）		台湾側	
陸軍兵	49,835人	清国軍兵力	約33,000人
軍夫	26,214人	義勇兵	不明（数万人）

出所：参謀本部編『明治二十七八年 日清戦史 第七巻』（東京印刷、1907年）

先に述べたように台湾は西側が平地で、軍の上陸や移動に適している。日本軍は1895（明治28）年6月に台北を占領後、8月初めに新竹《しんちく》、同月終わりに彰《しょう》化《か》、10月初めに嘉義《かぎ》、同月下旬に台南を確保した。この台北－新竹－彰化－嘉義－台南を結ぶ線は台湾の大動脈で、現在は日本の新幹線技術を導入した台湾高速鉄道が走っている。

約半年かけて主要都市と平地・丘陵地域を押さえた南進軍は11月に編成を解かれ、樺山資紀《かばやますけのり》・台湾総督が大本営に「全島平定」を報告した。

しかしその時点で日本の実施的な支配下にあったのは、面積にして6割ほどだった。抗日勢力は東側の山岳地帯に移って抗戦を続けていた。装備の差から、台湾側は平地でも日本軍に対してゲリラ戦を挑んだが、山地でもそれは変わらなかった。最後まで抵抗した台湾側の兵士や義勇兵は、最高峰の玉山周辺に立てこもった。最終的に彼らの制圧には10年ほどを要している。

もし機雷で海上輸送が阻害されていたら…

この台湾平定でも、今日でも参考となる点がいくつか見られる。まず当時の台湾では西側平地の北部に工場や武器・弾薬庫が集中していた。そして日本軍は平野部を北から順に占領したため、台湾側はただでさえ装備が不十分なところ、早い段階で武器・弾薬の不足に見舞われた。

また台湾側は陸上兵力しか持たなかったので、日本軍の海上輸送は攻撃を受けていない。日本軍は軍夫が全人員の3分の1を占めるなど、遠隔地での戦闘だったことも手伝い、兵站の負担は大きかった。もし台湾側が西側の浅海《せんかい》部に機雷を設置していたら、心理的な効果も期待できただろう。この40年前のクリミア戦争（1853～56年）や南北戦争（1861～65年）では、すでに機雷は効果を上げていた。

海上輸送が攻撃を受けなかったことは、日本にとって幸いだった。なおノーベル賞を創設したアルフレッド・ノーベルの父親は武器製造会社を経営しており、クリミア戦争ではロシアに機雷を納入していた。

この他にゲリラも一枚岩ではなく、彼らのあいだでも日本軍に対する抵抗感には温度差があった。ところが日本軍の攻勢が続くと、流言蜚語《りゅうげんひご》や誤解が飛び交った。意図された扇動《せんどう》ではなかったようだが、それに振り回された住民が日本軍への抵抗に突き進む。今日であれば流言蜚語の媒体は携帯電話やＳＮＳだ。道具が変わるだけで、人間のやることは大きく変わらない。

CSISレポート——攻守ともに失うものが大きい

シミュレーションの概要

２０１３年3月に中国国家主席となった習近平《しゅうきんぺい》は、「台湾統一」を政策目標として掲げた。２０２２年10月の共産党大会では「必ず実現しなければならないし、実現できる」「決して武力行使の放棄を約束しない」と、台湾統一について踏み込んだ形で言及した。

２０２１年3月上旬には、米国のインド太平洋軍司令官だったフィリップ・デービッドソン退役海軍大将は、米国連邦議会上院の軍事委員会公聴会で「中国が6年以内に台湾へ侵攻する可能性が高まっている」と警鐘《けいしょう》を鳴らしている。

こうして「台湾の武力統一」「台湾有事」に対する関心が大きく高まった。

米国の有力シンクタンクである戦略問題研究所（ＣＳＩＳ）は、２０２３年1月に中国が台湾に武力侵攻した場合を想定したシミュレーションの結果を公開した（Mark F. Cancian, et. al. *The First Battle of the Next War: Wargaming of Chinese Invasion of Taiwan*）。ここではその概要を解説する。シミュレーションでは「基本想定」のほかに「追加想定」もあるが、ここでは「基本想定」だけを紹介する。

基本想定の前提は、図表24に示すとおりだ。このレポートには住民の被害への言及はあるが、分

図表24　CSISシミュレーションの基本想定の主な前提項目

項目	対応
米国	自動参戦
米軍の台湾への事前配備	なし
米軍による日本の基地使用	認める
自衛隊の参戦・攻撃	日本が攻撃を受けた場合のみ
他の周辺諸国	オーストラリアのみ参戦
中国軍の動員／準備	攻撃開始30日前
米軍の動員／準備	攻撃開始14日前
中国軍の日本／米国への攻撃	許可
米軍の中国本土への攻撃	許可
中国軍の水陸両用戦能力	米軍の第2次世界大戦時の水準
中国空軍の戦闘能力	米空軍と同等
日本の民間空港の利用	基地1か所につき1空港のみ

出所：Mark F. Cancian, et. al., *The First Battle of the Next War: Wargaming of Chinese Invasion of Taiwan* (Washington, DC: Center for Strategic & International Studies, 2023).

図表25　朝鮮戦争・湾岸戦争・台湾有事の開戦時物資輸送量

	朝鮮戦争（実績）	湾岸戦争（実績）	台湾有事（想定）
兵員数	12,000人	38,000人	37,000人
輸送物資量	77,000t	164,000t	15,000t／日
対象期間（開戦時）	30日	30日	数日
1人当たり物資量	200kg／日	140kg／日	400kg／日

註：台湾有事の想定では、港湾・空港が使えないので初期の補給は続かないとしている。
出所：Mark F. Cancian, et. al., *The First Battle of the Next War: Wargaming of Chinese Invasion of Taiwan* (Washington, DC: Center for Strategic & International Studies, 2023)、W G. パゴニス『山・動く』〔佐々淳行監修〕（同文書院インターナショナル、1992年）。

図表26　CSISシミュレーションの基本想定と全島占領想定の比較

	基本想定	全島占領想定
米軍の直接戦闘参加	あり	なし
中国軍の終結時兵力	30,000人	165,000人
継戦期間	14日	70日
中国による占領地の比率	7%	100%
終結時の補給手段	空中投下	港湾、空港、海浜接岸など
航空機損失：米国	270機	――――
〃　：日本	112機	――――
〃　：中国	155機	240機
艦艇損失　：米国	17隻	――――
〃　：日本	26隻	――――
〃　：中国	138隻	34隻

註：「防衛力整備計画」でおおむね10年後に整備される日本の航空機（航空・海上自衛隊の作戦用航空機）は600機、艦艇（護衛艦+イージスシステム搭載艦）は56隻。
「全島占領想定」では台湾が単独で対応するので、米軍や自衛隊の損失は生じない。
出所：Mark F. Cancian, et. al., *The First Battle of the Next War: Wargaming of Chinese Invasion of Taiwan* (Washington, DC: Center for Strategic & International Studies, 2023).

析はされていない。

基本想定では、台湾島の1割未満を占領して終結する。主な理由は「兵站」だ。想定では、上陸した中国の陸軍部隊は、当初1日当たり1万5000トンの物資が供給される。湾岸戦争に比べても物資の輸送量は多い（図表25）。ただ台湾島内の港湾や空港を中国軍が押さえたとしても、米軍による攻撃で破壊されて物資の搬入拠点として機能しない。つまり当初の物資輸送は海岸への荷揚げとなる。

中国海軍にも、直接海岸に乗り上げて荷下ろし可能な揚陸艦《ようりくかん》が配備されているが、この9割近くは台湾軍・米軍の攻撃で撃破されると見ている。こうして3週間も経たずに中国軍は海岸に釘づけとなり、補給も空中投下に頼らざるを得ない。第2次世界大戦でのスターリングラードの戦いで、ソ連軍に包囲されたドイツ第6軍のような形だ。

シミュレーションで想定されている侵攻初期の物資供給1万5000トンを、空輸で継続させるのは極めて難しい。

中国空軍には最大積載量66トンのY-20輸送機がある（ちなみに航空自衛隊のC-2輸送機の最大積載量は36トン）。単純な割り算でも、この輸送機を1日に少なくとも230回飛ばすことが必要になるが、これは現実的ではない。また空港が破壊されて使えずに空中投下なので、散らばった貨物を集めて、各部隊・兵士に必要な弾薬・食糧・燃料を配給する手間が掛かる。非常に効率が悪く、上陸部隊は補給不足に直面する。

CSISの評価は、基本想定では台湾島の7％が中国軍に占領されて戦闘が終結するが、これは「台湾側の勝利に近い」と判定している。

ちなみに米軍の損失のなかには、空母2隻が含まれる（図表26）。この2隻は沖縄の近くで行動していたところ、対艦ミサイルの飽和《ほうわ》攻撃（相手の防空能力を上回る数の攻撃）で撃沈された。

もし米軍の支援がなかったなら…

なおこのシミュレーションでは、台湾全島が中国軍に占領されるという想定についても検討されている。この想定では米軍の支援はなく、台湾軍は単独で中国軍に抵抗する。

この場合は、港湾や空港が破壊されずに中国軍の手に落ちるため兵站に問題は生じない。さらに中国軍は平地の少ない東側では最大都市の花蓮《かれん》にも上陸する。70日で全島を占領し、その時点での中国軍残存兵力は16万5000人だ。

全島占領想定では、中国軍の死傷者数7万人、そのうち戦死者が2万3100人。台湾軍は死傷者8万5000人、戦死者は2万8000人となっている。また全島占領想定では米軍の参戦がないので、中国軍の艦艇損失は少なくなっている。

一方で航空機の損失は増えている。これは台湾が保有する対艦ミサイルを短期間で撃ち尽くすのに対して、対空ミサイルは肩撃ち式のものも含めて継戦期間中の在庫は確保されている。つまり台湾軍に「弾がある限り」、中国空軍機の損失は戦闘が長引くにつれて増大する。

また港湾や空港が無傷なことから、中国の海軍・空軍部隊も台湾に駐留することになるだろう。

しかしこの全島占領想定の場合でも、台湾軍が頑強に抵抗すると全島が占領されるまでの時間が長引き、「米国や国際社会に外交的介入を用意する時間の猶予《ゆうよ》を与える」としている。それが奏功《そうこう》すると、中国による全島占領が完成する前に国際社会からの圧力を受けることになる。

レポートをどう読むか

まず戦術面で注目したいのは機雷の敷設だ。地理的特性でも触れたが、台湾海峡は水深が浅いために、敵艦艇の接近を妨げるには機雷が有効である。CSISのレポートでも機雷の重要性について言及がある。ただこれには「量」が必要だ。それも「短時間」で敷設しなければならない。この点でも米軍の支援が望まれる。

また先にも述べたように、台湾の東側海域は潜水艦の運用に好都合だ。ここを中国の潜水艦が押さえると、台湾とグアムやハワイを結ぶ航路が危険にさらされる。シミュレーションではこのような議論が出たかもしれないが、少なくともレポートに記述がない。

台湾東側では海面下の制海権を巡る争いが激しくなるだろう。台湾側がここを押さえると、台湾海峡に向けて潜水艦から対艦ミサイルを発射する拠点として利用もできる。この場合は敵艦の位置情報を潜水艦に伝える必要があり、米軍からこの手の情報支援が期待される。これはウクライナ侵攻でも生じていることだ。

このように米軍関与の有無で展開が大きく影響を受ける。米軍が関与する場合には、中国による台湾侵攻の効果は限定的だ。「現状は変更」されるが、その変更は限定的なものに留まる。

ただしその場合、台湾本島に新たにできる7%の占領地が、中国の「飛び地」として機能するだろう。7%といって安心はできない。台湾は山地・丘陵地域が広いので、平地に限れば占領地の比率は3割近くになる。ここを橋頭堡《きょうとうほ》（足掛かり）として、中国が影響力の浸透を長い時間を掛けて目論むことは十分考えられる。

侵攻の大義名分と兵士の士気

もう1つ、レポートに言及がないことで気になるのが侵攻側の士気だ。シミュレーションのなかでは、「台湾侵攻」にどのような正当性を持たせているのか。

日常生活でも、目的が不明確なことに対してはやる気が起こらない。戦争であればなおさらで、戦争目的が曖昧《あいまい》だと、命を懸《か》けて前線に立つ兵士らの士気は低下し軍規は乱れ、作戦は計画どおりに進まない。これは日本も1918～22（大正7～11）年のシベリア出兵で経験した。ベトナム戦争での米軍もそうだろう。

２０２２年からのウクライナ侵攻も同じだ。プーチンのいう「ウクライナ政府による虐殺から住人を保護し、ウクライナの非軍事化と非ナチス化を実現する」という目的が、ロシア軍内に浸透するのは難しい。ウクライナ侵攻でも暴行や掠奪《りゃくだつ》が頻発しているが、軍規弛緩《しかん》がそれを後押ししている。当然兵士の士気は上がらず、それが作戦にも影響している。

「台湾侵攻」も同じことの繰り返しになるのか気になるところだ。

予測される日本への影響

ＣＳＩＳレポートは、あくまでも軍事面でのシミュレーションなので、戦闘以外のことには触れていない。日本にとって台湾有事で気になるのは、在留邦人の安全確保だ。

すでに危機管理コンサルタント業（＝民間軍事警備会社）と契約して助言を受けたり、対応手順や事業継続計画（ＢＣＰ）の策定、さらには緊急時の航空便手配などを依頼している企業がある。

危機管理コンサルタント業者は、アフリカや中東などの政情不安なところでも同様のサービスを提供している。ただ台湾の場合には、いざというときに陸路が使えないという問題がある。また在留邦人の人数も多い。２０２３（令和5）年4月のスーダンからの邦人避難とは、人数の桁が3つも違う。この点は、平素から関係者間で意見交換を密におこなう必要がある。

実際の「台湾統一」となると、軍事侵攻の前に、２０１４年2月のロシアによるクリミア半島侵攻のように、「宣伝戦」を仕掛けてくることが考えられる。

台湾にも馬英九《ばえいきゅう》・前総統のように親中的な政治勢力がある。選挙の際にはサイバー攻撃その他で、親中勢力を側面支援することはこれまでもあり、そうなると台湾の親中指導部と「平和的な統一」

について話し合う土壌が整えられる。「力によらない現状変更」だ。

例えば台湾は非常に親日的なことで知られている。ただし尖閣諸島の領有権は主張している。この点を突いて反日的な世論の扇動を仕掛けてくることは容易に予想できる。もちろん対日本だけではない。ベトナムやフィリピンなど領有権問題を抱えている国に対する反感を煽《あお》りたてる。そうして親中的な世論の浸透を図る。

ＣＳＩＳのレポートはいろいろ考えさせられるが、「武力侵攻（力による現状変更）は攻守ともにあまりにも犠牲が大きい」ということに尽きる。

2 地球温暖化と安全保障
持続可能な社会と軍隊

気候変動と地政学——新たな緊張の火種に

北極海の波高し

２０２２（令和４）年12月に閣議決定された安全保障三文書には、いずれにも「気候変動」という言葉が登場する。それ以前にも、例えば２０１３（平成25）年の「国家安全保障戦略」が気候変動に言及しているが、当時は地球規模でのリスクの１つという漠然とした認識だった。

しかし、いまでは気候変動対策は、日米同盟の強化や軍備管理、国際テロ対策などと並んで、軍事・外交上重要な取り組みとして注目されている。

地球温暖化・気候変動に関連する地政学上の大きな問題に、北極海での夏期海氷減退を背景とする経済権益を巡る争いがある。

具体的には北極海航路の開拓と北極海およびその沿岸に賦存《ふぞん》するエネルギー・鉱物資源の開発だ。例えば地球上にある未発見の石油の13％、天然ガス資源の30％が北極圏に存在し、そのほとんどが採掘の容易な浅海域に賦存すると見られている。北極海沿岸で最大規模の石油・液化天然ガス田を抱えるヤマル半島での開発計画には、日本企業も出資をしている。

北極海の海氷減退は経済活動だけではなく、軍事活動も容易になることを意味している。ロシアにしてみると北極海を挟んで米国やカナダと対峙して、北欧諸国や英国とも向き合っており、北方からの脅威にさらされている。

ただロシアにとっての北側からの脅威は海氷減退によって顕在化《けんざいか》したものではなく、第2次世界大戦中に地政学の論陣を張ったニコラス・スパイクマンが、80年前に『米国を巡る地政学と戦略』のなかですでに指摘している。

対話が遠のき、緊張が高まる北極圏

ロシアのプーチン大統領が北極圏での軍事基地建設を進め、軍事活動・軍事演習も活発化させたのは第1章で述べたとおりだ。

これに対して米国も２０１８年には27年ぶりに空母を北極圏に派遣し、ＮＡＴＯによる大規模演習に参加した。この演習にはＮＡＴＯ非加盟国のスウェーデンとフィンランドも参加している。

２０２２年2月のロシアによるウクライナ侵攻でＮＡＴＯ加盟を申請した両国だが、北極圏でのロシアの軍備増強に対してはすでにＮＡＴＯと歩調を合わせていた。また２０１７年には米海軍がアイスランドに哨戒機を配置し、２０２１年からは米空軍がＢ‐１爆撃機をノルウェーに配備してコラ半島北側のバレンツ海で哨戒飛行をおこなっている。

北極圏に関する軍事・安全保障の対話枠組みとして、ロシア、ノルウェー、デンマーク、カナダ、米国、スウェーデン、フィンランド、アイスランドの8か国による参謀総長級の北極軍事安全保障軍事会議（ＡＳＦＲ）があったが、ロシアがクリミア半島に侵攻した２０１４年以降開催されていない。この度のウクライナ侵攻でＡＳＦＲの再開はさらに難しくなっていると考えられ、北極海を巡る安全保障環境の安定化にロシアを関与させることは当面困難な状況にある。

沖ノ鳥島を守れ

２０００年前後には地球温暖化による海面上昇で、南太平洋にある島嶼国ツバルの水没危機が喧《けん》伝《でん》されたが、これは日本にとっても他人事ではない。日本では沖ノ鳥島などが水没の危険にさらされているが、これは地政学上の問題とも絡んでいる。

東京から南へ約１７００㎞、沖ノ鳥島は日本最南端に位置している。同島が擁《よう》する排他的経済水域（ＥＥＺ）は42万㎢に及び、これは日本の陸地面積（38万㎢）を上回る。この海域はカツオやマグロなどの回遊魚の産卵場で、海底にはマンガンその他の鉱物資源も確認されている。

軍事的観点では、沖ノ鳥島は米軍の主要基地が集まるグアム島と台湾や沖縄とのほぼ中間に位置する。また沖ノ鳥島は深い海底から突き出る形となっており、島の周辺は水深４０００～７０００mである。この海域で中国が潜水艦を展開すると、グアムから台湾や沖縄に航行する米軍の艦艇にとって大きな脅威となる。

台湾周辺や東シナ海で緊張が高まった場合、グアムを拠点とする米軍はこの海域を通って派遣される。そのためには、沖ノ鳥島が「同盟国・日本の領土」として存在することは極めて大きな意味を持つ。

ただし中国や韓国などは、沖ノ鳥島が「国際海洋法条約」に定める「島」としての要件を満たしていないと主張する。「島」として認められない場合、日本はこの海域の領海とEEZを喪失するが、国連大陸棚《だな》限界委員会は２０１２年4月に沖ノ鳥島を起点とする大陸棚を認定した。つまり沖ノ鳥島は現状では、「国連海洋法条約」上の「島」であるとされている。しかし中韓は主張を変えていない。

２０２０（令和2）年7月に、中国の海洋調査船が我が国に無断で、沖ノ鳥島北方のEEZ内において海洋調査と思われる活動をおこなっていたことが海上保安庁によって確認された。仮に沖ノ鳥島が水没して国際的に「島」と認められなくなると、中国はより積極的に「海洋調査」を推し進めるだろう。「海洋調査」で得られる海流・水温・塩分濃度などは海中での音響伝播《でんぱ》に影響を与えることから、そのデータは潜水艦の運用・探知にとって重要な情報だ。

水産資源の争奪戦

日本は水産大国であり、周辺海域は良好な漁場に恵まれている。また世界中にある約３２０万隻の漁船のうち、半数以上が南シナ海と東シナ海で操業している。ところが南シナ海と東シナ海での漁獲高は、世界の2割以下に過ぎない。このことが示すように、日本の周辺では水産資源を巡り過当競争状態にあり、近年の海産物需要の高まりは乱獲《らんかく》も引き起こす。これに加えて海水温上昇も漁業資源を減少させる要因として懸念されている。

香港にあるADMキャピタル財団の調べ（2016年）によると、現状のまま地球温暖化対策を施さない場合、南シナ海での漁業資源はほぼ全種類で減少する。その幅は2045年までにカニ、イワシ、マグロなどで20％前後、エビ、スズキ、タイでは30％以上に及ぶ。温暖化・海水温上昇で漁場は北上し、世界の半数以上の漁船もそれを追って南シナ海・東シナ海から北上してくるだろう。

これは2つの点で安全保障上の問題を生起する。第1は中国漁船のさらなる活動だ。1995年にレスター・ブラウンが『だれが中国を養うのか？』を著し、生活水準が向上した中国による肉食の増加、それに伴う飼料穀物市場への影響について警鐘を鳴らした。

ところが21世紀も4分の1が過ぎようとしている現在、中国の旺盛な食欲は海産物へと広がっている。2020年の中国の漁獲高は世界の15％を占めており、これは日本の3倍を超える。西太平洋に限ると、この差は5倍に拡大する（2017年）。

火器を持つ外国漁船による操業

第2の問題は、海水温上昇による漁場の北上だ。日本のEEZ内にある大和堆《やまとたい》や世界の三大漁場にも数えられる三陸沖の良好な漁場は、海水温が上昇すると漁場そのものが北上し、日本のEEZからはみ出る。将来的にはロシアが主張するEEZに入る可能性も否定できない。

この海域では、現在でも外国漁船による違法操業が横行している。日本で漁業取締りを所管する水産庁が保有する漁業取締船は9隻で、民間からの用船を含めても46隻に過ぎない（水産庁漁業取締本部「令和5年度漁業取締方針」）。この勢力で、オホーツク海から小笠原諸島や南西諸島に至る世界で6番目に広いＥＥＺでの漁業取締りをおこなっている。

違法漁船のなかには火器を持っていたり、海上民兵が紛れている危険もある。米国や韓国では漁業取締りは沿岸警備隊・海洋警察庁が担当し、船艇は重火器を装備している。中国での漁業取締りは中央軍事委員会指揮下の武装警察部隊・中国海警局がおこない、フランスでも同様の組織である海上憲兵隊は海軍の指揮を受ける。ノルウェーで漁業取締りを担当する沿岸警備隊は海軍に所属し、英国では海軍の所掌《しょしょう》となっている。

戦前の日本もそうで、小林多喜二《たきじ》の『蟹工船《かにこうせん》』には、カムチャツカ半島沖のオホーツク海で漁業取締りをおこなう海軍の駆逐艦が登場する。これに対し水産庁の漁業取締船が有している装備は放水銃や警棒のみである。なお『蟹工船』の舞台となる「博光丸」は、実在の蟹工船「博愛丸」がモデルで、もとは日本赤十字社の病院船だった。日露戦争などで患者輸送に従事し、後に水産会社に売却され蟹工船となった。

長期的に懸念されるのが海賊の違法漁業への進出だ。現代の海賊は船荷の強奪や船員誘拐による身代金獲得を主な収入としている。その活動は２０００年前後からマラッカ海峡、ソマリア沖、インド洋、西アフリカで見られたが、国際的な取り組みも奏功《そうこう》して近年では大きく数が減少している。

彼らの多くは生来《せいらい》の海賊ではなく、困窮《こんきゅう》した漁民が生活の糧《かて》を得る手段として「海賊を選んだ」。

つまり海賊で収入が得られなくなると漁業に戻る可能性は高く、昨今の海産物需要に鑑《かんが》みると、海賊たちが違法漁業に手を広げることも考えられる。

自衛隊の災害派遣――海外支援は安全保障にも影響

求められる能力構築支援

地球温暖化・気候変動は、軍や自衛隊の運用にも影響を与えている。まず異常気象の多発による災害派遣がある。自衛隊の災害派遣人員数は、2011（平成23）年の東日本大震災時の延べ1074万人は別格として、2018（平成30）年・2019（令和元）年は豪雨や台風で100万人を超えており、近年は緩やかながら増える傾向にある。

東日本大震災がそうであったように、大規模災害に際して外国の軍隊が被災国へ救援部隊を派遣することがあるが、これは派遣する側にとって大きな負担だ。

異常気象による災害の増加傾向を踏まえると、現地軍の災害対処能力を向上させることが望ましい。自衛隊も外国の軍隊に対して人道支援・災害救援（HA／DR）の能力構築支援をおこなっているが、広い意味で気候変動に向けた対応である。

自衛隊ではこれまでに、東ティモール、ベトナム、ミャンマー、パプアニューギニア、フィリピン、マレーシア、インドネシア、ブルネイ、ラオス、モンゴルやその他のASEAN（東南アジア諸国連合）諸国にHA／DRの能力構築支援をおこなっている。またウズベキスタン、カザフスタン、スリランカ、フィジーには衛生に関する能力構築支援を実施しているが、これは災害時における軍の民生支援能力を向上させる効果が期待される。

ＨＡ／ＤＲの能力構築支援に関しては、その件数も２０１２（平成24）年には１か国、２０１７（平成29）年には４か国だったのが、２０２２（令和４）年には８か国と増加傾向にある。

自衛隊は災害派遣において、地震や火山噴火のほかに熱帯性の台風から寒冷地の豪雪まで、あらゆる災害に対処してきた経験を誇る。感染症対処もおこなっており、自衛隊が未経験の災害といえば干《かん》ばつぐらいしかない。このことからもＨＡ／ＤＲの能力構築支援は、自衛隊が優位性を発揮できる分野である。

ただ軍に対してＨＡ／ＤＲの能力構築支援をおこなう場合、支援提供を巡るドナー国間の争いを引き起こすこともあり得る。とくに開発途上国の場合、治安維持を担う軍は政権幹部と属人的なつながりを有しており、軍への接近はその国との関係強化の手段となる。

すでにインド太平洋・アフリカでの開発援助で見られるような、西側諸国と中露などとの間での「ＨＡ／ＤＲの能力構築支援」提供競争も現実味を帯びてくる。

実際にフィジーなどの島嶼国では、中国が経済支援と併せ軍事的な影響力を高めている。これに対し、２０２２年には日本とオーストラリアが共同でフィジーに衛生分野の能力構築支援をおこなうなど、「競争」は静かに進行している。

装備品開発にも気候変動への対応が必要に…

最近は気候変動と安全保障の関係で新しい動きが観察される。欧州連合（ＥＵ）の「デジタル製品パスポート（ＤＰＰ）」構想だ。原材料の採掘や加工・製造の経歴、製造から利用・廃棄に至る期間での温室効果ガス総排出量、再生材の利用比率、再利用の可能性などの情報を、製品ごとにデータベースとして管理・公表することを目指している。現在は蓄電池についてＤＰＰの導入が準備中で、順次対象分野は拡大される見込みだ。

このことは防衛装備品の分野で、我が国の安全保障に関わってくる。いわゆる安全保障三文書にはそれぞれ「防衛装備移転の推進」の項目があり、なかでも「国家防衛戦略」では英仏独伊などと防衛装備・技術協力を実施すると記されている。

我が国は英仏独伊やスウェーデンなどと「防衛装備品・技術移転協定」を締結するなど、同盟国の米国に加えＥＵ加盟国や英国とも装備品の研究開発を拡大しつつある。すでに英国とは空対空ミサイル・化学／生物防護技術・ＲＦセンサーなどを、フランスとは機雷探知システムの共同研究を始めている。さらに２０３５（令和17）年度までに開発完了を目指している次期主力戦闘機は、英国・イタリアとの共同開発計画となっている。

しかし近い将来、ＥＵや英国は防衛装備品の移転などに際して域外国にＤＰＰの提示を求めることも考えられる。ＤＰＰに対応していない、また対応していても内容がＥＵの基準を満たさない国や企業は、防衛装備品の移転はおろか、共同研究・開発の段階で排除される恐れがある。

さまざまな分野において、気候変動の問題は軍事・安全保障とのつながりを強めている。地球温暖化に関連して軍が直面する課題は、地政学的戦略環境の変化から、能力構築支援、装備品の共同研究開発まで幅広い。ただ日本では、欧米諸国ほどには温暖化対応への意識が高まっていないのが現状だ。

今後、安全保障においても欧米諸国やアジア各国との連携を深めるためにも、持続可能性への意識を高く持つことが求められている。

3 人口動態と安全保障
少子高齢化と経済・軍事の関係

経済の視点――縮小する経済力と労働市場

太平洋から西に移動する「経済の重心」

最近では、アジアを中心とする経済圏を環太平洋やアジア太平洋というよりは、インド太平洋と呼ぶことが増えている。これには経済規模の変動が大きく関わっている。「環太平洋」「アジア太平洋」という表現の基には、GDP世界順位の1・2位は米国・日本の指定席で、中国が徐々に順位を上げているという事実があった。

中国は2001年のWTO（世界貿易機関）加盟前後から、さながら「世界の工場」として世界経済におけるサプライチェーンの要となる。2010年に日本のGDPは中国に追い抜かれるが、米中日でGDP世界順位の上位3つを占めていた。韓国やASEAN諸国も、通貨危機（1997

図表27　GDPの世界シェア順位推移予測（2020〜2075年）

	2020年実績		2050年予測		2075年予測	
1	米国	22.5%	中国	15.7%	中国	11.6%
2	中国	16.0%	米国	13.9%	インド	10.6%
3	日本	5.4%	インド	8.3%	米国	10.4%
4	ドイツ	4.2%	インドネシア	2.3%	インドネシア	2.8%
5	英国	3.0%	ドイツ	2.3%	ナイジェリア	2.6%
6	インド	2.9%	日本	2.2%	パキスタン	2.5%
7	フランス	2.8%	英国	1.9%	エジプト	2.1%
8	イタリア	2.0%	ブラジル	1.8%	ブラジル	1.8%
9	カナダ	1.8%	フランス	1.7%	ドイツ	1.6%
10	韓国	1.8%	ロシア	1.7%	英国	1.5%
11	ロシア	1.6%	メキシコ	1.6%	メキシコ	1.5%
12	ブラジル	1.6%	エジプト	1.3%	日本	1.5%
13	オーストラリア	1.5%	サウジアラビア	1.3%	ロシア	1.4%
14	スペイン	n.a.	カナダ	1.3%	フィリピン	1.3%
15	メキシコ	1.2%	ナイジェリア	1.2%	フランス	1.3%

註：数値は2021年米ドル換算値で産出したもの。アフリカ・中南米諸国には灰色をつけている。2020年のスペインについて順位は示されているが、数値が記載されていない。
出所：Kevin Daly, et al., "The Path to 2075-Slower Global Growth, But Convergence Remains Intact.," *Goldman Sachs Global Economic Paper* (Dec., 2022)、国際連合ホームページ〈https://www.un.org/en/global-issues/population〉、世界銀行ホームページ〈http://wdi.worldbank.org/table/4.2#〉より作成。

〜98年）の痛手から急速に回復し、環太平洋・アジア太平洋という括《くく》りには将来への期待もにじんでいた。

しかしその裏では、経済力をつけた中国の覇権的な外交政策や軍備拡張が、周囲の警戒心を呼び起こし始めていた。

日本は2016（平成28）年から「自由で開かれたインド太平洋戦略」を推進している。ハワイに司令部を置く米国の太平洋軍も、2018年にインド太平洋軍に名称を変更した。日米豪印の4

か国によるQUAD（第4章の「理解を深める用語と知識」223ページ参照）で戦略対話・共同訓練もおこなわれている。アジアや太平洋に注がれていた世界の視線が、少し西に傾いたようだ。

これには台頭する中国に対して、同じ人口大国で中国に続く経済大国になると目されているインドを引き入れておくという意図が見え隠れする。その中国は「一帯一路《いったいいちろ》」を推進して、ユーラシア大陸の東から西へ横断する経済圏を創り上げる勢いを見せている。

ただ「インド太平洋」の動きは、このような中国への対抗を超えたものであるように思われる。地球規模での経済力の重心が少しずつ西へ移動しており、「インド太平洋」もこの大きな流れのなかにある。22世紀に向けてこの動きは変わりそうにない。

図表27に米国の大手投資銀行ゴールドマン・サックスが２０２２年12月に発表した、２０７５年までのＧＤＰの世界順位予測を示す。世界6位の経済大国インドは２０５０年には3位となり、２０７５年には米国を抜いて世界第2位となる。そしてアフリカでは、ナイジェリアとエジプトが経済大国として台頭する。中南米のブラジルとメキシコも、日英独とほぼ同じかそれを上回る経済力を持つようになる。

もっとも予測値は、発表主体によって異なる。同時期に発表された日本経済研究センターの調査結果では、ＧＤＰの米中逆転は将来的にも不可能となっているのは第1章でも紹介した。ただし逆転しないだけで、中国経済は拡大を続ける見込みだ。

アメリカの関心は大西洋へ回帰するか?

「インド太平洋」はこれに対する自然な回答である。中国の一帯一路があってもなくても、「アジ

図表28　人口の世界シェア推移予測(2020〜2075年)

	2020年推定値		2050年予測値		2075年予測値	
1	中国	18.2%	インド	17.2%	インド	16.2%
2	インド	17.8%	中国	13.6%	中国	10.0%
3	米国	4.3%	米国	3.9%	ナイジェリア	4.7%
4	インドネシア	3.5%	ナイジェリア	3.9%	パキスタン	4.4%
5	パキスタン	2.9%	パキスタン	3.8%	米国	3.8%
6	ブラジル	2.7%	インドネシア	3.3%	コンゴ民主共和国	3.2%
7	ナイジェリア	2.6%	ブラジル	2.4%	インドネシア	3.0%
8	バングラデシュ	2.1%	コンゴ民主共和国	2.2%	エチオピア	2.7%
9	ロシア	1.9%	エチオピア	2.2%	ブラジル	2.1%
10	メキシコ	1.6%	バングラデシュ	2.1%	バングラデシュ	2.0%
11	日本	1.6%	エジプト	1.6%	タンザニア	1.9%
12	エチオピア	1.5%	フィリピン	1.6%	エジプト	1.8%
13	フィリピン	1.4%	メキシコ	1.5%	フィリピン	1.7%
14	エジプト	1.4%	ロシア	1.4%	メキシコ	1.3%
15	ベトナム	1.2%	タンザニア	1.3%	ロシア	1.3%
	世界人口	78.0億	世界人口	96.9億	世界人口	103.7億

註:アフリカ・中南米諸国には灰色をつけている。
出所:国際連合ホームページ〈https://www.un.org/en/global-issues/population〉

ア太平洋」は早晩「インド太平洋」になっていた。

これは国民1人当たりのGDPの格差が縮小している結果だ。21世紀を通じて米国は、主要国のなかでは1人当たりのGDPで世界最高値を維持すると見られている。

その米国の値を全世界の平均値と比較すると、2020年には5・2倍だったのが2050年では3・6倍、そして2075年には2・8倍へ縮小する。

経済活動の地球規模化(グローバリゼーション)が、この格差縮小をもたらした。資本が自由化されると、発展途上国は資本の制約を受けることなく工業化を進めることが可能となる。直接投資に付随して生産技術も急速に普及するため、技術開発に先行した先進国が20世紀に享受《きょうじゅ》していた時間優位性が崩れてくる。

結果として人口の多い国のＧＤＰが大きくなる。先進国や東アジアの新興国では程度の差はあれ少子高齢化が進むので、アフリカ・中南米の人口シェアは大きくなる（図表28）。これはそのまま将来に向けた経済力拡大の源泉でもある。

こうなると米国にとって、アフリカ・中南米に挟まれる大西洋地域での国益確保が重要課題となる。安全保障上の関心もそちらのほうに向く。21世紀前半の現在はインド太平洋重視を志向している米国の戦力配備が、22世紀に向けて大西洋に回帰することも考えられる。あまつさえ、その頃の米国には、太平洋と大西洋を両睨《りようにら》みするだけの経済力は残されていない。

その下での日本の安全保障はどうあるべきか、西太平洋の安定を事実上日本独力で確保せざるを得ないのか。このような議論は、近い将来避けて通ることはできない。

労働市場の縮小と自衛官の欠員

人口動態の地球規模での影響を観察したが、もちろん労働市場にも大きな影響を及ぼす。自衛隊は志願制であるから、否が応でも労働市場で他業種との人材獲得競争に巻き込まれる。隊員数維持のためにはそこで「勝つ」必要があるが、それ以前に労働市場そのものが急速に縮小している。

国立社会保障・人口問題研究所の調査によれば、２０２０年の日本の生産年齢（15～64歳）人口は７４０６万人である。

「日本では15歳で生産活動に従事している人は極めて少ない」という声が聞こえてきそうだが、０

ECD（経済協力開発機構）などでは生産年齢を15～64歳と定義している。各国ではおおむね義務教育を14歳までとなっており、それを過ぎると「生産年齢人口」に計上される。

話を戻すと、生産年齢人口の比率は59・3％だ。このなかから、自衛官23万1000人が採用されている。日本の労働人口の約300人に1人が自衛官ということだ。

しかし日本の人口は2010年代から減少傾向にあり、少子高齢化も進んでいる。2023（令和5）年4月に発表された最新の調査では、2050年の生産年齢人口は5540万人、2075年で4257万人の予測だ。

現在の自衛官の定員は24万7000人だが、すでに約1万6000人の欠員が出ている。さらに30年後には生産年齢人口が25％減少する。

各国の兵員確保への取り組み

省力化・省人化や生産性の向上は必須となり、それは第2章で触れたとおりだ。このほかにどのような策があるか、他国の例について述べてみよう。

まず外国人の登用だが、有名な例に外人部隊がある。フランスやスペインの外人部隊では、外国籍の志願者が勤務している。彼らは正規軍兵士であり、国際法上の「傭兵《ようへい》」には該当《がいとう》しない。フランスの外人部隊は入隊倍率7倍ともいわれており、フランス人の志願兵募集倍率よりも相当高い。

米国やシンガポールなどでは、国籍はなくても永住権があれば軍隊に志願でき、イスラエルでもユダヤ教徒などは国籍がなくても軍に応募することが可能だ。またロシアでも、ロシア語能力などの条件を満たせば外国人であっても軍に志願できる。ただしこれらの国では外人部隊のように「外国人だけの部隊」を編成することはない。

女性隊員の比率を上げる努力も払われているが、これは「募集対策」というよりは軍・自衛隊も多様性社会の一員として取り組んでいるものだ。ただ数字を挙げると、女性の比率は各国で少しずつ上がっている（図表29）。

表では自衛官の女性比率は２０１９（令和元）年で６・９％となっているが、２０２２（令和４）年の値は８・３％だ。防衛省では自衛官採用者に占める女性の割合を２０２１（令和３）年度以降17％以上とし、２０３０（令和12）年度までに全自衛官に占める女性の割合を12％以上とすることを目指している。

女性自衛官の増加に合わせて、教育・生活・勤務環境の基盤整備を推進する。全国の駐屯地《ちゅうとんち》・基地では保育所が整備されるなど、女性が働きやすいよう配慮された労働環境の整備も進められている。

防衛省が目標としている12％はＮＡＴＯの平均値だ。先進国では

図表29　軍人の女性比率（NATOと日本）

	2001年	2013年	2019年
米国	14.0%	18.0%	16.9%
カナダ	11.4%	14.1%	15.6%
英国	8.1%	9.7%	10.9%
ドイツ	2.8%	10.1%	12.3%
フランス	8.5%	13.5%	15.6%
イタリア	0.1%	4.0%	5.8%
スペイン	5.8%	12.4%	12.8%
オランダ	8.0%	9.0%	11.1%
ベルギー	7.6%	7.6%	8.7%
ノルウェー	3.2%	9.7%	13.8%
日本	4.2%	5.6%	6.9%

註：2022年の日本の値は8.3%。
出所：Anita Schjølset, “NATO and the Women: Exploring the Gender Gap in the Armed Forces,” *PRIO Paper* (July 2010); The NATO Science for Peace and Security Programme, “UNSCR 1325 Reload,” (June 2015); *Summary of the National Reports of NATO Member and Partner Nations to the NATO Committee on Gender Perspectives* (2019)、朝雲新聞社『防衛ハンドブック』各年版より作成。

オーストラリア軍が女性の比率が20％となっており、陸軍副司令官（少将）のほか、海軍・空軍の中枢部門で女性指揮官が活躍している。なお現在ロシアとの戦いを繰り広げているウクライナ軍では、女性兵士の比率は約24％と報じられている。

このほかにも少子化・募集難の対策として「民活導入」も考えられるが、その民間部門も労働市場の縮小に直面している。継《つ》ぎ接《は》ぎ的な対応は可能でも、抜本的な対策とはなり得ない。長期的な労働市場の縮小に対しては、部隊編成や任務など根本的な見直しが必要になる。

組織の視点——様変わりする運用環境

限界集落の増加

人口減少に関連して、限界集落の増加もまた日本が抱える大きな問題だ。これも自衛隊の活動と深く関わってくる。

自衛隊の駐屯地・基地は部隊展開や訓練、装備品の保管・整備に敷地を要することから、その多くは郊外に設けられている。多くは旧軍の衛戍地《えいじゅち》（駐屯地）や基地だったところに設置されている。こうした駐屯地・基地は警戒監視や訓練の拠点であり、何よりも自衛隊員にとっては生活の場だ。若手独身隊員の多くは駐屯地・基地内（営内）に居住しており、それ以外の者も駐屯地・基地の近くに住んでいる。

人口が減って限界集落が増えてくると、インフラ整備の問題が出てくる。過疎地域の自治体は財政が厳しくなり、水道や道路・橋梁《きょうりょう》といった生活インフラの保守が追いつかなくなっている。限られた予算で少しずつ整備することになれば、町や村の中心部が優先されるだろう。そうなると、自衛隊の駐屯地・基地のあるあたりは後回しになる。

自衛隊の駐屯地・基地は、「郊外」にあるだけではない。日常的な警戒監視をおこなっている監視隊・警戒隊（レーダーサイト）の分屯地《ぶんとんち》・分屯基地は、山頂・離島や海岸沿いにあるものも少なくない。

そこに通じる道路や橋が「予算不足」で壊れたまま放置される危険がある。そうなると部隊運用にも支障をきたす。上下水道や鉄道など、その他の住民サービスはいわずもがなだ。

地方都市の過疎化対策に、中心部に住居や都市機能を集めて運営経費の削減を目指す「コンパクトシティ」という考え方がある。公的サービスだけではなく、民間のサービスも中心部に集積させると、運営経費の削減につながり事業の継続性も改善される。ただし自衛隊の分屯地・分屯基地は、その枠からはみ出る存在となる。

自衛隊はSE（システムエンジニア）集団へ

「十四世紀の初め、火薬がアラビヤ人から西ヨーロッパ人に伝へられ、そして、どんな学校子供でも知つてゐるやうに、戦争をば全く一変せしめた」「そして大砲のお陰で、軍需品製造業は全く産業的なる一新亜部門たる工兵隊をつくらねばならなかった」（フリードリヒ・エンゲルス『反デューリング論』）。

近世以降の火器の発達で、軍はそれに対抗する野戦築城（戦場での陣地構築）をする必要があり、

図表30　米陸軍歩兵師団の人員構成

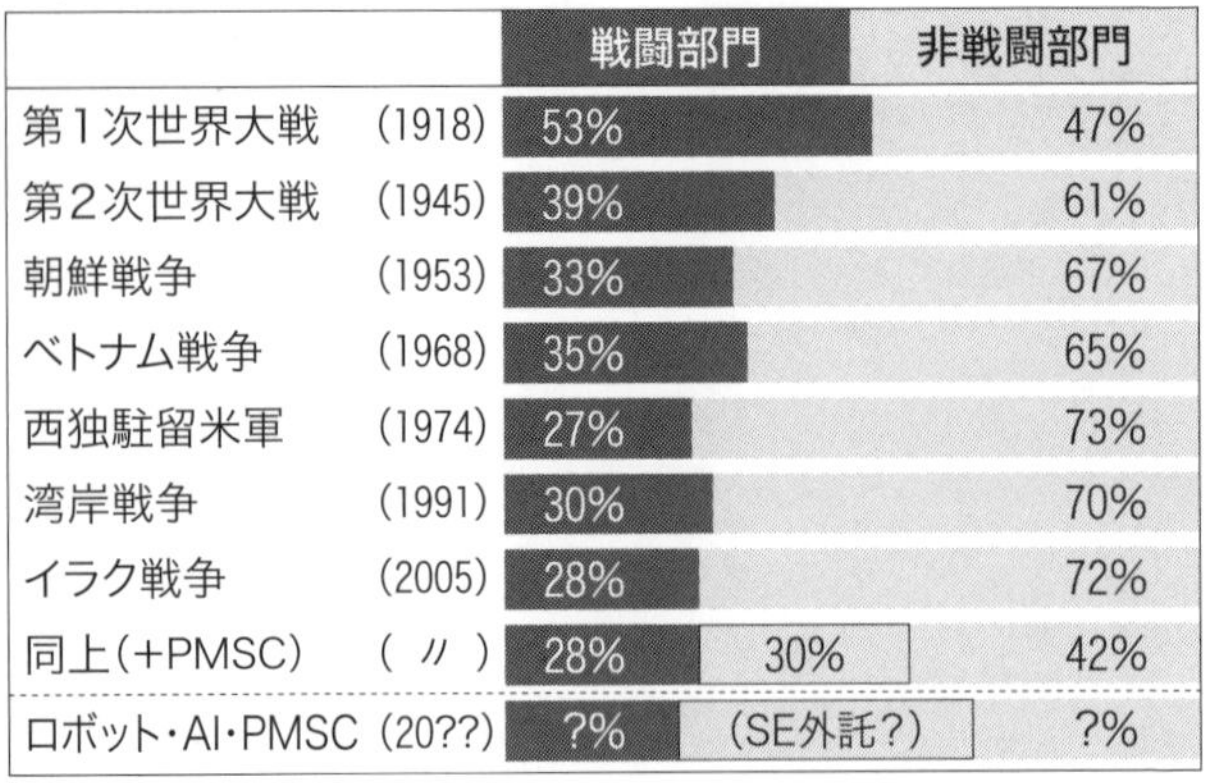

		戦闘部門		非戦闘部門
第1次世界大戦	(1918)	53%		47%
第2次世界大戦	(1945)	39%		61%
朝鮮戦争	(1953)	33%		67%
ベトナム戦争	(1968)	35%		65%
西独駐留米軍	(1974)	27%		73%
湾岸戦争	(1991)	30%		70%
イラク戦争	(2005)	28%		72%
同上（＋PMSC）	(〃)	28%	30%	42%
ロボット・AI・PMSC	(20??)	?%	(SE外託?)	?%

出所：John J. McGrath, "The Other End of the Spear: The Tooth-to-Tail Ratio (T3R) in Modern Military Operations" *The Long War Series Occasional Paper 23* (Fort Leavenworth, KS: Combat Studies Institute Press, 2007) より作成。

工兵部隊の充実が必要となった。火器に限らず、技術の進歩は補給・整備、その他の後方支援など、軍において直接戦闘に従事しない間接部門の拡充を必要とした。

第１次世界大戦以降、米国陸軍部隊では後方支援要員と司令部要員を合わせた非戦闘部門の人員比率が一貫して上昇している（図表30）。近世の野戦砲発達が工兵隊の創設を促しただけではない。20世紀に入ってからも、輸送手段に車両が用いられるようになると、整備や燃料輸送の部門が必要となった。

武器が高度化・ハイテク化すると、維持や修理も複雑になり、部品も部隊で用意しておかなければならない。作戦が複雑化すると、指揮統制・通信に人数が必要となる。こうして前線で戦闘任務に就く兵士の割合はますます低くなる。

21世紀はネットワーク化・人工知能（ＡＩ）化の時代だ。そして戦いの場は陸海空から宇宙・サイバー・電磁波といった新領域に広がっている。

宇宙・サイバー・電磁波など新領域での戦闘は、基本的にはシステム開発・運用が勝敗の鍵を握る。ゴールドマン・サックスのニューヨーク本社では、現物株式取引部門に最大時で約600人のトレーダーがいた。これは2000年頃のことだ。

しかしその後は少しずつ株式取引をAIに置き換え、2017年代にはトレーダーの数はわずか2人となった。代わって新たに200人のSE（システムエンジニア）を採用した。

株の取引自体はAIに任せ、SEがそれを維持管理する。もちろん敵に勝つための新しいプログラム開発も彼らの仕事である。

金融市場では高速コンピュータを使って高頻度取引が行われている。1000分の1秒単位で市場分析、取引戦略の決定、注文の発行、取引の実行をおこなう。人間が処理できる速度ではない。売るほうもAIなら買うほうもAI。AI同士の売買を200人のSEが見守り、2人のトレーダーが統制している。

そこまでいかなくても、似たようなことが近い将来、軍隊にも起こるだろう。宇宙・サイバー・電磁波の領域では、画面を覗《のぞ》きながらキーボードを叩いて戦いが繰り広げられる。

ところがSEはあらゆる分野で不足しており、これは将来も変わらないと見られている。軍隊は戦時の戦いで勝利する前に、平時のSE獲得競争でIT業界などを相手に勝利を収める必要に迫られている。

「鉄帽被《てっぽうかぶ》って小銃を背に迷彩する」という兵士像は、騎馬武者と同じほど「古典的なもの」になりつつあるのかもしれない。

4 人工知能と軍隊

利点を再大化するための課題

AIブームと軍への導入——自律化・自動化への期待

第2次ブームのAIと軍用システム

道具を用いて人間の知的労働を補完する試みは、紀元前4000～前3000年のメソポタミアでの算盤《そろばん》の発明・活用にまで遡《さかのぼ》るといわれる。しかし知的労働の代替となると時代はずっと下り、本格化するのは汎用《はんよう》コンピュータの出現（1946年）以降のこととなる。

このコンピュータに知的な作業をさせようとしたのがAIの第1次ブームだ。研究されたのは「推論」と「探索」で、チェスや数学の定理証明など、特定の問題に対して解を導き出すことができた。軍用システムでは冷戦勃発時期でもあり、米軍は「米露翻訳システム」の研究開発をおこなった。

これに続く第2次ブームが起こったのは1970～80年代だ。このときのAIは、「エキスパートシステム」に代表される。簡単にいうなら、データベース（専門家＝エキスパートの知識）と統計処理の組み合わせで、医療などの民生部門で応用が試みられた。

民生部門でも実用の域に達したと見なされたエキスパートシステムは、軍用システムへの適用が検討された。1970年代には武器・装備品の高機能化でセンサーの数・種類が増え、提供されるデータが複雑になった。処理すべきデータ量も飛躍的に増大する一方、戦闘局面では短時間での対応が求められる。

これらデータの質や量、そして時間という物理的な限界克服のために、エキスパートシステムを応用した軍用システムの開発が進められた。

古参兵の経験と勘をAIに集約

ASW（対潜水艦作戦）向けに、目標探知を支援するCLASSIFYもその1つだ。各種センサーからの情報に基づいて、担当者が職人芸的に敵潜水艦を探知していた作業のシステム化を目指していた。センサーから送られてくる大量のデータを、データベース化された専門家の経験や勘（知識ベース）と突き合わせる。さらに統計処理を加えてより精緻な目標探知が可能となった。

この「知識ベース＋統計処理」は、この世代のAIを導入したシステムの共通項だ。統計処理では確実な情報と不確実な情報を組み合わせて、一部分の情報から全体像を推測する。

その中身は「A→B、B→C、よってA→C」という演繹《えんえき》推論に基づいている。乱暴な例えをすると三段論法だ。この「知識ベース＋統計処理」で、ASWのほかにも地上の標的監視など戦術判断を支援するシステムが開発された。

戦闘部隊での戦術判断支援とは別に、後方支援部門の作業判断支援用にも、エキスパートシステムを組み込んだシステムが検討された。

米陸軍では地対空ミサイル・ホークのレーダー用に、故障復旧時の整備支援システムが開発された。やはり古参兵のノウハウをデータベース（知識ベース）化して、経験の浅い兵士でもある程度の対応・修理ができた。

このシステムは湾岸戦争（１９９０〜91年）時にサウジアラビアに持ち込まれ、現地に展開したホークの整備・修理に用いられた。米陸軍はＭＩ戦車の整備支援システム等も開発している。

米空軍はエキスパートシステムを使って、ミサイル整備支援システムを構築した。このシステムでは捜査員が知識ベースと「はい、いいえ」の問答を繰り返して、ミサイルの故障部分を特定する。修理箇所の特定に要する時間は全体で74％減少した。海軍が開発した同様の整備支援システムでは、故障箇所特定の成功率が91％だった。

軍での第2次ブームＡＩが下火になった理由

新兵にとって、専門知識に優れる相談相手と思われた軍用エキスパートシステムであったが、ＡＩの第２次ブーム自体が１９９０年代半ばには下火となる。大きな原因は２つあった。

まずエキスパートシステム特有の問題だが、専門家の知識をデータベース化する「知識ベース」の構築が容易な作業ではない。専門家の知識には広く経験や勘・暗黙知のような曖昧なものを含み、専門家の回答も「この場合はこう判断するが、その理由はうまく説明できない」という場合が少なくない。これをプログラムで表現するのはたいへんな労力を要するうえに、出来上がったものは必ずしも専門家の思うとおりの結果を出さない。

入力情報も、経験豊富な整備兵なら「エンジンの音がいつもと違う」と直感でわかるところを、ＡＩに入力するには音を音程・音圧・周波数・周期・指向性・音質などの要素に分解して、通常の場合と統計的有意差があるかどうかを定義する必要がある。

そのうち専門家の「Aの場合はこう、Bの場合はそう……」という知識ベースの項目が増えてくると、矛盾する内容も出てきた。人間の場合、その矛盾は職人技・暗黙知で解決するのだが、これはデータベース化できない。

またAIが提供する情報は、「参考になるようでならなかった」ことは想像に難くない。前述の戦術判断支援システムは、理論上の確率で情報を提供する。しかし「前方の敵は500人である確率の理論値は60%、200人のそれは30%、戦車部隊である確率の理論値は70%、自走砲部隊のそれは25%」といった情報が指揮官に提供されても、参考にならない。結局は斥候《せっこう》を出して、直接確認することになる。

そして何よりも、状況判断の結果やそれに至る方法論は専門家のあいだでも一致しないことは珍しくない。ただしシステムに反映されるのは、特定の専門家の意見となる。そうなると、それと意見を異にする人はシステムを使わない。

技術革新が常に直面するものとして、「人間の知的役割をAIが奪うのではないか」という懸念が当時からあった。これは単にAIが人間に代わって作業をおこなうというだけではなく、「知的労働」という人間の矜持《きようじ》が脅かされることへの危惧を含んでいる。

1970年代にスタンフォード大学が開発して好成績を収めた医療用AIのMYCIN（マイシン）も、この点が問題となって医療現場では普及しなかった。現在はビッグデータと深層学習・帰納的《きのうてき》推論に基礎を置く第3次ブームAIの時代に入っているが、このAIと人間の共生の問題は依然として大きな課題である。

第3次ブームAIの特性

その後2010年代に「第3次ブーム」が始まった。これは「A→B、B→C、よってA→C」で解答を絞り込む「第2次ブーム」と異なり、帰納的推論で正解を探し出す点に特徴がある。この精度を高めるためには標本データ数が多いほどよい。

帰納的推論では、数多く経験した結果から結論を出す。例えば東京から京都にいくのに、一番早い方法は新幹線だ。しかしこの結論を得る前に、あらゆる方法を経験する。飛行機、高速バス、自家用車など。脚に自信がある人は、『東海道中膝栗毛《ひざくりげ》』のように歩くのもよい。新幹線が早いと思っても、冬には関ヶ原の雪で徐行や待ち合わせとなり、飛行機で伊丹《いたみ》空港までいき、そこから電車かバスで京都へいくほうが早いこともある。

とにかく時期・季節も変えていろいろな方法を試してみる。その結果、「関ヶ原の雪」のような例外はあるものの、「京都へ行くには新幹線が一番早い」という経験的結論を得る。これが帰納的推論だ。

第2次ブームのAIが「A→B、B→C、よってA→C」という三段論法とすれば、第3次ブームのAIは「習うより慣れろ」という形だ。何となく「三段論法」のほうに知性を感じるが、実際に一流の将棋棋士たちに勝っているAIソフトは「習うより慣れろ」のほうだ。

第3次ブームのAIでは、「慣れる」過程でビッグデータを特徴量に分解して係数を算出する。ここでの問題はAIの判断の精度が高まっても、なぜそのような判断を導いたのかという説明が得られないことにある。一流の棋士にも勝つようなAIは、江戸時代以降6万局に上る棋譜《きふ》（指し手の記録）を学習し、指し手を1万以上、時に億にも達する特徴量（数値データ）に分解している。

ＡＩは、ＡＩ同士で対戦してさらに経験を積むこともできる。人間と違って、休み無しの24時間稼働で対戦し続けることが可能だ。

ただしＡＩは、こうして得た万や億にもなる係数を「帰納的推論の結果として示す」ことはできても、「どうしてこの値になったのかを説明する」ことができない。単に「精度の高い結果」を機械的に提示するだけだ。もっとも数万個の係数を「ではいまから説明します」といわれてもこちらが困る。人間の暗黙知などは、こういうものなのかもしれない。これは軍にどのように応用できるだろうか。

ＡＩと軍の共生——軍隊はどう向き合うべきか

ＡＩ兵器開発の今後の展開

第3次ブームのＡＩが、チェス・将棋・囲碁などの知能的なゲームで、また医療現場での画像診断で人間を凌駕《りようが》するようになると、軍事への応用が視野に入ってくる。

かつて「ＡＩ制御のロボット兵士が市街戦で銃を乱射する」、といったＳＦ的な危惧《きぐ》もあった。いまのところＡＩの軍事への応用は、研究・開発・様子見の段階だ。

現時点で実用化されているＡＩ兵器に、ＡＫ-47自動小銃で有名なカラシニコフが開発し、２０１９年に運用を始めたＡＩ戦車Ｕｒａｎ（ウラン）-9がある。シリア内戦や東部軍管区が主催する大規模軍事演習「ヴォストーク2018」で使用されている。まだ「戦場の様相を変える」ものではなく、「習うより慣れろ」を実践中だ。

Uran-9は遠隔操作も可能なので、完全自動でなくても無人戦闘車両として利用できる。味方や一般市民が混在する市街戦では遠隔操作にして、敵の陣地・拠点に突撃という段階では自律行動に切り替えるというのが、現時点での現実的な運用と思われる。

第3章でも紹介した日本の防衛装備庁が研究を進めている「自律向上型戦闘支援無人機」も、自律して有人戦闘機と編隊を組むことになるが、この制御にもAIが導入されるだろう。

AI兵器の規制が容易でない理由

AI兵器の規制については、これまでも国際会議などでいろいろ検討された。しかしAI兵器の開発も進展が緩やかになってきたこともあり、いまのところAI兵器の規制は耳目を集めていないようだ。ただ実際問題として、AI兵器の規制は難しいと思われる。この理由としては次の2つがある。

まずAIそのものが、市販品で十分な性能を持つものが開発できるようになっていることだ。子供向けプログラミング教室が盛況で、簡単な自律ロボットを使ったサッカーの試合もある。これを少しいじるだけで武器になる。

戦間期のワシントン・ロンドン「海軍軍縮条約」や、冷戦期の「戦略核兵器削減条約」の時代には、武器そのものが高額なので国家計画でないと開発・生産はできなかった。だから政府間で合意があれば規制はできる。それとは異なり、市販品でつくることができるものは、規制をしても実効性は上がらない。

もう1つの理由が、ＡＩ化が省人化につながることだ。何度もいっているように、米国やカナダを除く先進国は少子高齢化が進んでいる。中国も２０２２年から人口の減少が始まり、２０２３年には人口数でインドに抜かれる見込みだ。そのインドも国連の予想では、２０６０年代半ばには人口減少が始まる。

そうなると社会全般に労働力を代替するものとしてＡＩの需要は一層高まり、減ることはない。軍もその例外ではない。強い需要があるところに規制をかけると闇市場を生む。１９２０〜33年に「禁酒法」が施行された米国がよい例だ。

むしろ社会や軍隊は、ＡＩと共生する途《みち》を模索することになるだろう。

今後、AIに代替される軍の部門とは

コンピュータによる労働代替は、伝統的に規則が明確な定型業務に限られていたが、最近のＡＩの進歩は非定型業務の代替まで対応するようになっている。この非定型業務の抽象化・一般化は、ビッグデータによって可能となった。

ＡＩが人間の労働を代替する可能性については、多くの研究がなされている。そのなかでも有名なものは、少し古いが２０１３年にオックスフォード大学のカール・フレイとマイケル・オズボーンによる、『雇用の未来（The Future of Employment）』だ。

これは米国労働省の分類に基づく７０２種の職業について、２０１０年代半ばから２０２０年代半ばにかけてＡＩ（ロボットを含む）による代替可能性を予測したものである。幸か不幸か当時予想されたほどにはＡＩの機能は進んでいないので、「２０２０年代半ば」に向けた予測であっても参考になる。

ただしこの７０２種の職業のなかに、軍は含まれていない。そこで軍の各機能に近似する業務について、ＡＩによる代替《だいたい》可能性をまとめてみた（図表31）。

これは軍の機能に関して、それに近いと思われる職業のＡＩによる代替可能性の予測値を単純に当てはめたものに過ぎない。ただここから、一定の傾向をつかむことはできる。

例えば指揮・管理任務は近い将来でもＡＩに代替される可能性は低いものの、それを支援する任務は代替可能性が高い。また定型化されている任務であっても、その管理・監督に関しては当面人間の判断が欠かせない。もっとも一般的な管理任務については、監督者もＡＩによる代替が視野に入ってくる。

フレイとオズボーンによると、「①非定型的な認識や動作」、「②創造的知性」、「③社会的知性」を必要とする職業は、当面ＡＩによる代替は難しい。①は技術的な限界であり、②はＡＩの判断が「習うより慣れろ」に依存している以上避けられない。③は人間社会における対人関係であり、ＡＩによる代替が最も困難、かつ、ふさわしくない分野である。

逆にいうと①の障害は技術の進展で解消可能だが、②について未経験の事態への臨機応変な対応は、ＡＩにとっては大きな課題となる。またＡＩが芸術作品をつくり出す例は紹介されているが、それらはあくまでも過去の芸術家の「作風を真似た（＝統計的に近づけた）」もので、「芸術（作風）の創造」ではない。③はＡＩが人間とは異なる存在であり、人間社会の構成員たり得ないことから

図表31　AI(ロボットを含む)による職業の代替可能性と軍の機能の比較

軍の機能		近似する職業	AIによる代替可能性
司令部（幕僚組織）	総務	業務支援部門監督者	1.4%
		管理業務監督者	73%
	情報	社会科学者・研究者	4%
		市場分析専門家	61%
	運用	訓練・能力開発専門家	1.4%
		事業運営専門家	23%
	兵站	医療・健康管理者	0.73%
		物流管理専門家	1.2%
	計画	都市計画立案	13%
	通信	情報システム管理者	3.5%
		情報セキュリティ分析者	21%
	法務	弁護士	3.5%
		法務助手	94%
	副官	役員秘書・管理職補佐	86%
戦闘部隊		消防前線指揮	0.36%
		警察前線指揮	0.44%
		警察官	9.8%
		消防隊員	17%
		航空会社操縦士	18%
		船長・水先案内人	27%
		警察・消防派遣指令員	49%
		鉄道警察官・交通整理	57%
		船員	83%
		警備員	84%
支援部隊		機械整備現場指揮	0.3%
		交通・貨物運送現場指揮	2.9%
		料理長	10%
		航空管制官	11%
		事業用操縦士	55%
		輸送・保管・配送管理者	59%
		大型トラック運転手	79%
		航空整備士	71%
		カフェテリア調理人	83%
		貨物用作業要員	85%

出所：Carl Benedikt Frey and Michael A. Osbone, "The Future of Employment: How susceptible are jobs to computerisation?" *Oxford Martin School Working Paper, University of Oxford* (September, 2013), pp.61-77より作成。
註；灰色がついているのは、代替可能性が50%以上のもの。

解決されないと見てよい。

経験を経たＡＩが提供する分析はいっそう正確になるだろうが、それは前提条件が変わらないと仮定したうえでの話だ。

一流棋士にも勝ったＡＩは、過去４００年の数万に及ぶ棋譜《きふ》を学習しているが、これらの前提（9×9の棋盤、駒は合わせて40個、動きなど）はすべて同じだ。しかし軍が活動する戦場や災害現場では前提は一様ではなく、それが刻々と変化する。将棋でいえば、対局の途中で棋盤が突然12×15に広がり、駒数は60個に増え、動きも急変（前進しかできない歩《ふ》や香車《きようしや》の後退が可能になるなど）するようなもので、「未経験の事態への臨機応変な対応」は常態化している。

またＡＩが出した局所的最適解の合成は、必ずしも社会全体にとっての最適解とはならないという、「合成の誤謬《ごびゆう》」の問題も避けられない。

ただ将来、ＡＩの演繹的推論（三段論法）と帰納的推論（習うより慣れろ）が大きく向上すると、「未経験の事態への臨機応変な対応」も可能となる。

ＡＩ時代に求められる軍人像

ＡＩやロボットに知的労働の多くを代替させた未来の軍隊では、ＡＩと人間（軍人）はどのように共生することになるか。

将来の軍隊では、指揮官はＡＩが準備した資料を参考に、自らの経験と勘（＝暗黙知）に基づいて判断を下すことになる。そして現場での物理的作業はＡＩ（ロボット）が代替することになっても、その管理・監督は人間がおこなうことになるだろう。

ところで『失敗の本質』の著者の1人で、国際日本文化研究センター名誉教授・防衛大学校名誉教授の戸部良一《とべりよういち》は、明治と昭和の軍人を比較して、軍事専門職であった後者に対し、前者は幅広い教養・武士としての素養を有していたと述べている。

つまり局所的・専門的最適解を追求する昭和の軍人に対して、芸術や文学などの教養を身につけた明治の軍人は、大域的・社会的最適解を求めることができる存在であった。

この「大域」には、「未経験の事態」も含むであろう。優れて正確・合理的なＡＩと共生すべき軍隊・軍人のあり方を解く手掛かりは、ここらあたりにあるような気がする。

5 市民社会と軍隊
軍を取り込む社会へ

軍隊は社会の縮図――組織風土の特色と求められる改革

国防の和洋折衷《せっちゅう》と和魂洋才《わこんようさい》

日本は明治維新以降、近代的な「国民軍」を制度として整えた。それまでにも幕府や各藩で洋式軍隊の導入が試みられたが、これらは封建領主の軍隊であって国民軍ではない。

陸軍は当初フランス式、その後はドイツ式に、海軍では当初フランス式、その後に英国式で整備された。当時は大多数の国民にとって徴兵での入営は、西洋文化に初めて接する機会でもあった。ただ純粋なドイツ式・英国式ではない。日本にも1000年にならんとする侍の伝統があり武士道もある。この日本の伝統とドイツ式・英国式が組み合わさって、日本の陸軍・海軍の文化が形成された。

自衛隊もそうだ。自衛隊は多くの点で米軍を参考にしている。しかし旧軍の文化や制度が残っているところもある。旧軍がドイツや英国の薫陶《くんとう》を受け入れたことを思うと、自衛隊の生い立ちは多国籍でもある。その自衛隊も日本の戦後社会のなかで、独自の組織文化を創り上げている。

軍隊・自衛隊も社会の一員だ。それぞれの国には固有の歴史や伝統があり、それに根差した考え方もある。だから各国の軍隊は、互いに似て非なるところが意外と多い。

米軍関係者に聞いたことだが、装備品の共同研究・開発では米英共同よりも日米共同のほうが意思疎通《そつう》は図りやすいらしい。米英は英語で意思疎通ができると思うのだが、そのアメリカ英語とイギリス英語の微妙な差異、軍の運用に対する考え方の違いが意思疎通を邪魔するという。

日本が相手の場合には、初めから英語での円滑《えんかつ》な意思疎通は期待していない。そのうえで自衛隊の運用思想は米軍に近いので、全体としての意思疎通や調整はかえってやりやすいということだ。

表面的な言葉のやり取りよりも、考え方を重く見るところは多民族国家の米国らしい。彼らの社会状況に合った合理的行動なのだろう。こういうところが、軍事に限らず政治・経済や学術も含めた米国の強さの源泉なのかもしれない。

戦前の日本では、軍の「制度」は和洋折衷だが、「組織文化」は和魂洋才だった。この「和魂」

が曲者《くせもの》だ。年功序列の人事制度、暗黙の了解、前例踏襲《とうしゅう》、浪花節《なにわぶし》といった習慣がそうだ。

これは決して悪いことばかりではない。エズラ・ヴォーゲルは『ジャパン・アズ・ナンバーワン』のなかで、年功序列賃金は賃金が安い若手社員に対する企業の教育投資を促し、その教育投資は終身雇用の下、長い期間をかけて回収されたと述べている。経済合理性に適《かな》っていたわけだ。

また暗黙の了解や前例踏襲は、取引コストを引き下げる。浪花節は上司・組織に対する忠誠心を引き出すかもしれない。

高度成長期にはこれが日本の強みだった。この成功体験が仇《あだ》になる。

資本集約の時代にはそれでもよかった。しかし21世紀に入って知識集約で勝負する時代では、年功序列・暗黙の了解・前例踏襲は障害となる。社会の仕組みには、時代に応じた変化が求められる。軍隊・自衛隊もその例外ではない。「年功序列・暗黙の了解・前例踏襲」といった「和魂」が変わらない限り、宇宙、サイバー、電磁波といった新領域での戦いやSEの獲得競争に勝つことはできない。

軍の組織文化とSEのモチベーション

技量の高いSEは、不合理な束縛《そくばく》を嫌う傾向が強い。さらに誰かの指示に単純に従うのではなく、「自分はこういうものを開発したい」という内なる動機で動く。

ハッカーが典型な例だ。彼らは報酬目的でやっていない場合も多い。「米国防総省の厳重なセキュリティを突破した」という内なる自己満足が動機になっている。

またウィキリークス（機密情報を匿名で公開するウェブサイト）やアノニマス（ハッカー集団）たち

は、悪に手を染めている連中を自分が天に代わって懲《こ》らしめてやるといった動機に駆《か》られている。ウクライナ侵攻中のロシアを攻撃するサイバー義勇兵も同じだ。換言《かんげん》すれば自己実現が動機になっている傾向が強い。

システム開発競争では、そのような人たちを引っ張ってこなければならない。ただし彼らの内なる動機とか、やる気を引き出すというのは、政府や軍隊のいわゆる官僚的管理では到底できない。彼らが官僚的な運営に不合理を感じると、もうダメだ。

そういう能力を持った人を、どのように軍に取り入れるかを考える必要がある。ＳＥの高待遇は必要条件だが、決して十分条件ではない。

軍の官僚的組織文化の打破

ここでも「和魂」、いわゆる「年功序列・暗黙の了解・前例踏襲」などが大きな壁となる。「官僚的組織文化」と言い換えることができるかもしれない。この「官僚的組織文化」は霞が関の専売特許ではない。産業界や学界、町内会から中高生の学校現場・部活動に至るまで、日本社会の随所に見られる。

教育現場が「官僚的組織文化」に浸《ひた》っていては、優秀なＳＥは生まれそうにない。さらに人口の高齢化が進むと社会が保守化し、行動経済学でいう「現状維持バイアス」が強く働くようになる。未知の危険を忌避《きひ》して現状維持を選好する傾向だが、少子高齢化が進む日本では何もなくても社会の現状維持バイアスが強化され、官僚制的な「偶然（リスク）・異端の排除」が進む方向にある。

ましてや存在理由が曖昧な「その場の空気」が組織の意思決定を左右する。これも優秀なＳＥのように、合理的精神の持ち主には理解し難い慣習だ。

AIの技術開発・イノベーションでは、「試行錯誤を繰り返しながら前進する」ことが欠かせないが、「官僚的組織文化＋現状維持バイアス」は「錯誤」を避ける「その場の空気」を生む。

こうなると日本は、軍事面で宇宙、サイバー、電磁波の新領域で優位を確保できない。経済面でも思い切った選択と集中はかなわず、「失われた30年」の数字は更新を続けることになる。

議論の裾野を広げよう――軍事を忌避することの危険

惨禍《さんか》の真の原因

第3章で、「傭兵の歴史は、人間社会の歴史と同じぐらい長い」と述べた。つまり戦争・軍事の歴史は、人間社会の歴史と重なる。日本でも『古事記』の国史は、神倭伊波礼毘古命《かむやまといはれびこのみこと》（神武天皇《じんむ》）が「猶《なお》東のかたに行でまさめと思ふ」ところ、世にいう神武東征《とうせい》から記述は始まっている。

その後は源平、南北朝、戦国時代と戦いの歴史は続く。逆に江戸幕府の260年は珍しく平和が続いた時期だった。近代に入っては戊辰《ぼしん》戦争から太平洋戦争まで、数々の戦争を経験する。よくも悪くも、合戦・軍事は社会のなかで一定の存在だった。

ところが日本人にとって、第2次世界大戦の経験はあまりに強烈だった。犠牲者の数でいうとソ連や中国は桁違いだったし、ユダヤ人の悲劇については言葉もない。しかし比較は別として、終戦直後にほとんどの日本人が「戦争は二度と御免《ごめん》だ」と思ったことは間違いない。

日本人の平和志向は、あの終戦直後の思いから自然に発したものだ。そう簡単に忘れ去られるものではなく、また忘れ去られるべきものでもない。平和志向はこれからも永く日本人の美徳としてあり続けるだろう。

ただし第2次世界大戦で日本社会が直面した課題は、解決されているだろうか。残念ながら、そうとは思えない。戦争が起きないだけで、日本人は戦後幾度となく第2次世界大戦と同じような「失敗」を繰り返してきた。

あまりにも時間がかかるうえに硬直的な意思決定、無答責《むとうせき》、情報や後方支援の軽視、忖度《そんたく》など。国だけではなく社会全体、企業や学校でも、果ては個人も日本軍と同じ「失敗」を犯している。このため国民は、有形無形の犠牲を忍んできた。日本経済の「失われた30年」は、その結果でもある。先に挙げた「和魂」も、この「失敗」とは無縁でない。状況次第で、「和魂」は「失敗」を防ぐ力とも促す力ともなる。

ウクライナ侵攻や安全保障三文書の改定、防衛費増大などを受けて、防衛問題への関心の高まりを見るにつれ、社会全体に大きなものが欠けている気がしてならない。

「阪神ファンの応援心理」

軍事や安全保障を語る際に、機会がある度に「阪神ファンの応援心理」ということをいっている。どういうことかというと、安全保障の議論は、専門家だけに留めておいたらダメだということだ。

関西の阪神ファンは、かつて一流選手だった野球評論家から、街のおっちゃん・おばちゃん、小学生の少年少女まで、「昨日の監督の采配《さいはい》はアカン」とか、「なぜあそこで代打を出したんや」という試合の論評をする。そうして阪神ファンの世論というものが形成されて、ファンが怒り心頭に達すると、監督や球団社長の辞任・解任という事態を招く力を発揮する。

彼らは阪神タイガースが憎くてやっているのではない。愛すればこそ、球団社長や監督への無責や官僚的な対応に我慢ならないわけだ。

安全保障も同様で、一部の専門家に限らず、いろいろな人が議論することが大事だ。そうならないと、安全保障論議の裾野は広がらないし、社会としての知見も蓄積されない。

過日、京都の大学で教授らと軍事・安全保障に関して意見を交換する機会があった。出席者は、それぞれの専門分野では確たる研究実績を残している人たちだ。しかし軍事の話になると、SNSで流れている噂のような話が、そのまま議論の材料として出てきたのには驚いた。

これは彼らの問題ではあるが、社会の責任でもある。軍事・安全保障の知見は共有財であるとの認識がなく、その蓄積にあまりにも無関心であり過ぎた。「平和志向」と両立するはずなのに、杓《しゃく》子《し》定規にそれを怠ってきた。「和魂」の負の側面がここにも垣間見える。

北朝鮮の核・ミサイル開発、中国の軍備増強、ロシアのウクライナ侵攻などはいずれも日本にとって安全保障上の大きな脅威だ。しかし一番の脅威は我々自身のなかにある。軍事・安全保障に対する忌避・思考停止だ。

「軍事専門家」がいつまでも議論を先導していては、「社会」の知見は依然として底が浅いままで変わらない。広く世論が安全保障に関心を持たないと、望ましい安全保障政策は生まれてこない。

そのような議論のなかから「官僚的組織文化に浸っていてはアカン」、「失敗・異端に寛容でないとダメやろ」という、社会的視点で軍事・安全保障が論じられることを期待したい。そうでないと、あの醜態《しゅうたい》とも評すべき「失敗」を繰り返す。

もちろん大衆扇動や教条的論争に陥らない、冷静で客観的な議論が前提となる。

「阪神ファンの応援心理」という表現は、フランスの宰相《さいしょう》クレマンソーの「戦争は軍人だけに任せるにはあまりに重大である」という言葉の対を張ったつもりである。

理解を深める用語と知識〈第4章〉

1 台湾有事

台湾出兵（1874年）

台湾が清の領土だった時代の戦闘

1871（明治4）年10月、台湾に漂着した宮古島民54名が先住民に殺害された。また1873（明治6）年3月には小田県（現・岡山県）の船員4名が暴行略奪を受けた。

そこで明治政府は先住民を懲罰し、航海上の安全確保の措置を講じることを理由に、1874（明治7）年5月に台湾に出兵した。

ただこの背景には、日本と清国の間にあった琉球の帰属問題があった。外務卿・副島種臣《そえじまたねおみ》が1873年5月に渡清した際、琉球帰属問題を含めて台湾漂流問題を交渉したが、清国側はこれを拒否した。

その後、内務卿・大久保利通らは当時高まっていた士族の反政府気運解消を狙って台湾出兵を計画した。これは米国や政府内部の異論でいったん中止となったが、陸軍中将・西郷従道《じゅうどう》（西郷隆盛の弟）は独断で台湾に出兵した。

征討軍は台湾南西部に上陸し、制圧を始めた。出兵兵力は3658人で戦死者は12人だったが、当時の台湾は衛生状態が悪く、風土病マラリアによる戦病死者は561人に上った。

英国の斡旋《あっせん》で大久保が清国と交渉し、償金50万両を得て撤兵することで1874（明治7）年10月に合意した。

なお本出兵の輸送は、外国の船会社はもちろん国営の日本国郵便蒸気船からも断られ、民間企業の郵便汽船三菱が請け負った。

台湾出兵で清朝に琉球が日本領であることを認めさせ、琉球帰属問題を解決した明治政府は、1879(明治12)年に琉球藩を廃止して沖縄県を置いた。

2 地球温暖化と安全保障

砕氷LNG船
高度な砕氷技術をめぐる国際競争

北極海航路を使うと、欧州主要港から日本までの距離は、スエズ運河を経由するよりも4割程度短縮される。ただ海氷が完全になくなっているわけではないので、「砕氷仕様《さいひょう》」の商船による運航が必要となる。「砕氷仕様」の船舶は燃費が1割ほど悪化するが、航路短縮効果のほうが大きい。

北極海航路沿岸の石油・ガス田開発に向けて、日本企業も中国や韓国企業と合弁で事業を進め、砕氷LNG(液化天然ガス)船の建造・傭船《ようせん》契約を順次結んでいる。

LNG船の建造には高度な技術が必要で、一時は日本の造船業が世界市場を席巻《せっけん》していた。また砕氷能力のある船舶の建造も難しく、日本でその能力を持つ造船所は1か所しかない。かつての日本鋼管鶴見《こうかんつるみ》造船所で、いまはそれが営業譲渡されたユニバーサル造船舞鶴事業所だ。

海上自衛隊の歴代砕氷艦「ふじ」「しらせ」「しらせ(2代目)」や、海上保安庁の砕氷巡視船「そうや」はすべてここで建造されている。

これまで上記合弁企業では、この2つの高度な造船技術を要する砕氷LNG船を韓国の大宇《テウ》造船に発注してきた。しかし最新の調達分(2024年竣工予定)は中国の広船国際有限公司と建造契約を結んでいる。

同船の砕氷能力は連続1・5mと、海上自衛隊の「しらせ」(2代)とほぼ同じだ。中国の北極海進出の意欲と同時に、造船能力の向上と造船業の国際競争力も見て取れる。

3 人口動態と安全保障

QUAD(クワッド)
安全保障とどんな関わりがあるのか

基本的価値を共有する日米豪印の4か国が、法の支配に基づく自由で開かれた国際秩序の強化に向けて協力する枠組み。これまで「自由で開かれたインド太平洋」の実現に向け、ワクチン、インフラ、気候変動、重要・新興技術など、安全保障から社会経済までの幅広い分野で実践的な協力を進めている。

この枠組みは、2004年12月に、スマトラ沖大地震及びインド洋津波被害に際して、日米豪印が緊密に協力して国際社会の支援を主導したことに始まる。豪印両国が中国への刺激を避けるため、QUADへは後ろ向きな姿勢をとったこともあった。

しかし2017年11月には当局者会合が約10年振りに開かれ、その後は4か国の協力枠組みとして活動が活発化している。

初となる首脳会議(オンライン)は、2021年3月に開催された。2022年5月の首脳会談では、ロシアによるウクライナ侵攻を受けて、力による一方的な現状変更をいかなる地域においても、とりわけインド太平洋地域で許してはならないことを確認している。

昭和15年の将来人口推計
戦前に予測されていた日本の人口減少

国立社会保障・人口問題研究所の前身は、1939(昭和14)年8月に設立された厚生省人口問題研究所である。

そこが出している論文集『人口問題研究』の1940(昭和15)年版に、当時の日本の長期人口推計に関する研究論文(中川友長「将来人口の計算に就て」)が掲載されている。

その概要は、大正14(1925)年と昭和12(1937)年の人口動態(内地)を比較すると、日本の出生率《しゅっしょうりつ》・死亡率はともに低下傾向にあるが、出生率の低下速度のほうが早い。

したがって出生者数と死亡者数の差は年々縮小し、昭和75（2000）年に人口1億2274万人に達した後、人口は減少に転じるというものだ。昭和100（2025）年の予想人口は1億1178万人となっている。

実際には、日本の人口は2008年に1億2808万人の最高値を記録した後で減少し、2025年の推計人口は1億2326万人である（2023年4月推計）。

ただし人口構成比について昭和15年の推計では、2025年で0〜14歳が16・9％（11・1％）、15〜64歳は81・0％（59・3％）、65歳以上は14・3％（29・6％）と、令和5（2023）年4月の発表（カッコ内の値）とは大きく異なっている。

この理由は昭和15年当時、日本人の平均寿命がこれほど延びると予想していなかったこと、そして出生率の低下がここまで進むとも予想できなかったことにある。

総人口の動態では昭和15年の推計が実際と近い値となっているのは、2つの予想外れが相殺《そうさい》し合った結果である。

4 人工知能と軍隊

ENIAC（エニアック）

軍事とコンピュータ開発の深い関係

米国で開発された世界初の汎用《はんよう》コンピュータ。1943年に米陸軍が弾道計算などのために高速な計算機の開発を計画し、ペンシルバニア大学に資金を提供して開発を依頼した。終戦後の1946年に完成し、陸軍施設で1955年まで稼働した。

開発の目的は、間接射撃用の射表（弾種、仰《ぎょう》角《かく》、発射薬量、風・気温・湿度等の相関表）作成だった。

1つの火砲用射表作成に2000〜4000本の弾道計算が必要で、射表作成には卓上手動計算機を用いても50人で3〜6か月を要していたが、ENIACでは5人による1日の作業で終えることができた。

ただしENIACは真空管約1万8800本、スイッチの数は6000基、全長12m、全高2・4m、重量30トン、真空管の故障が頻発《ひんぱつ》し（1日1本、取り換えに1時間）、稼働率も69%と低かった。

当時はすでに機械式の電気計算機は存在したが、ENIACは可動部をなくし、すべての計算やデータの伝送を電気的におこなうことで高速動作を実現した。10桁の数を20個同時に記憶し、加減算なら毎秒数千回、乗算や除算は数十回から数百回を実行する能力があった。

当時の機械式計算機では、構造的に実行できる計算や用途が決まっている専用計算機がほとんどだった。

ENIACは計算手順を変更できる汎用性を備えていたが、後のコンピュータのようにプログラム内蔵型ではなかったので、手順を変えるためには配線やスイッチを変更する必要があった。後にコンピュータはデータを二進法で処理するようになるが、ENIACは十進法でおこなっていた。

5 市民社会と軍隊

阪神タイガース
防衛問題と無関係ではない、ファンの「空気」

日本で2番目にできたプロ野球球団で、セントラル・リーグに属する。本拠地は阪神甲子園球場で、「甲子園球場は大阪にある」と思っている人が意外に多いが、所在地は兵庫県西宮市である。

また球団名・球場名の頭にある「阪神」は、「北海道日本ハムファイターズ」のように所在地を表すのではなく、球団親会社・球場所収者が「阪神電気鉄道」であることを示す。球団の運営幹部はオーナー・球団社長・監督だが、いずれも阪神ファンが形成する「その場の空気」を軽視できない。

ファンは古関裕而《こせきゆうじ》作曲の応援歌「六甲おろし」を稀代《きだい》の名曲と信じて疑わず、鎌倉時代に元寇（1274・81年）を退散させた暴風雨も、六甲おろし（六甲山系から吹き下ろす風）が九州まで届いて日本を救ったと唱える者がいる。ただしこの説は、いまだ実証されていない。

阪神ファンにとって1985（昭和60）年は、日本史上1868（明治元）年の明治維新の次に重要な年号となっている。なお1985年は、阪神タイガースが2リーグ制になって初めて日本シリーズで優勝した年である。

同じような例は英国にも見られる。英国のサッカーファンにとって英国・イングランド史上重要な年号は、1066年と1966年の2つだ。1066年はノルマン人によるイングランド征服の年で、英国・イングランドはこれ以降に外国の征服を受けていない。

1966年にはサッカー・ワールドカップのイングランド大会が開催され、地元イングランドが決勝で西ドイツを破って優勝した。イングランドはそれ以降、優勝はおろか決勝戦にも進んでいない。

あとがき

　このところ、防衛問題や軍事・安全保障を扱った本が多く出ている。詳細な分析がされている良書が多く、日本の安全保障研究の水準が高いことを物語っている。ただ専門家でない人には難しいのではないかと感じるものが少なくない。

　また「現在の防衛問題」を論じる一方、その多くは防衛問題を社会のなかに位置づけて問いかける姿勢に欠けている。何かの機会に、このあたりを埋めてみたいという思いがあった。

　そんなときに、「防衛問題で本を書いてみてはどうか」という話をいただいた。担当の方は出版企画の経験が豊富なだけあって、すでに大まかな構想が出来上がっていた。

　こうして本書の企画が少しずつ固まった。本書執筆に際してお世話になった方がいる。岡本象太さんだ。本書では原稿執筆に取りかかる前に、編集担当の方も交えて章立てや執筆項目について議論を重ねた。それまで気づかなかった論点などを指摘してもらうことも多かったが、そのなかの1人が岡本さんだ。

　彼らの協力が無ければ、「このあたりを埋めてみたいという思い」も日の目を見ることはなかった。もちろん、事実誤認やその他の責はすべて著者にある。

　本書では、防衛問題を考える枠組みを提供するように心掛けている。「魚を与えるのではなく、魚の釣り方を教える」ということになるか。むしろ「魚の釣り方を一緒に考える」ほうが近い。

実際に企画構想の段階から、自分なりに昨今の軍事・安全保障問題を捉え直してみた。過去に発表した論文やレポートも、改めて今日の視点で読み返した。

安全保障環境は目まぐるしく変化し、防衛問題の焦点も急速に移るだろう。これまでにも、幾多の戦略理論や教義(ドクトリン)が現れては消えていった。しかしそれを扱う人間はそう変わらない。自分なりの思考の枠組みを持っていれば、将来の防衛問題にも応用が利《き》く。

ここから先、手に取るべき軍事・安全保障に関する優れた書籍は数多くある。読者におかれては、それらに果敢に挑戦していただきたい。

執筆作業を陰で支えてくれたのが妻・陽子だ。執筆に没頭するあまり、我儘《わがまま》になりがちであったところを鷹揚《おうよう》に包み込んでくれた。改めて深く感謝しつつ、筆を擱《お》くこととしたい。

【参考文献一覧】
・防衛省編『日本の防衛（防衛白書）』各年版
・朝雲新聞社『防衛ハンドブック』各年版
まえがき
・国民文庫刊行会編『国訳漢文大成 第二巻 易経・書経』（東洋文化協会、1956年）
第1章
・ニコラス・J・スパイクマン『米国を巡る地政学と戦略――スパイクマンの勢力均衡論』〔小野圭司訳〕（芙蓉書房出版、2021年）
・山尾幸久『新版・魏志倭人伝』（講談社現代新書、1986年）
・ハルフォード・ジョン・マッキンダー『デモクラシーの理想と現実』〔曽村保信訳〕（原書房、1985年）
・トルストイ『セヴストーポリ』〔中村白葉訳〕（岩波文庫、1954年）
・富山篤 他「中国 GDP、米国超え困難に――標準シナリオ、習氏3期目で逆風：2030年代、1％台成長定着の可能性」『アジア経済中期予測』〔日本経済研究センター〕（2022年12月）
第2章
・アダム・スミス『国富論Ⅱ』〔大河内一男監訳〕（中公文庫、1978年）
・防衛庁防衛研修所戦史室編『戦史叢書 陸軍軍戦備』（朝雲新聞社、1979年）
・防衛庁防衛研修所戦史室編『戦史叢書 海軍軍戦備1 昭和十六年十一月まで』（朝雲新聞社、1969年）
・Michael Green, *Arming Japan: Defense Production, Alliance Politics, and the Postwar Search for Autonomy* (New York: Colombia University Press, 1995)
・沓脱和人「『武器輸出三原則等』の見直しと新たな『防衛装備移転三原則』」『立法と調査』第361号〔参議院事務局〕（2015年2月）
・『孫子』〔金谷治訳注〕（岩波文庫、2000年）
・高木徹『ドキュメント 戦争広告代理店――情報操作とボスニア紛争』（講談社、2002年）
・戸部良一 他『失敗の本質――日本軍の組織論的研究』（ダイヤモンド社、1984年）
・防衛庁防衛研修所戦史室編『戦史叢書 大本営陸軍部1 昭和十五年五月まで』（朝雲新聞社、1967年）
・小野圭司「防衛費増額を考える（その1：ミクロ経済学編）――ランチェスターの二次法則と生産関数の視点」『NIDSコメンタリー』〔防衛省 防衛研究所〕第237号（2022年9月）
・小野圭司「防衛費増額を考える（その2：マクロ経済学編）――国民所得統計（GDP 統計）の視点」『NIDSコメンタリー』〔防衛省 防衛研究所〕第240号（2022年10月）
・小野圭司「GDP統計新基準と兵器システムの資本化――『大砲かバターか』の命題再考」『防衛研究所ブリーフィング・メモ』（2017年4月）
第3章
・ソ同盟共産党中央委員会付属マルクス＝エンゲルス＝レーニン研究所編『レーニン全集 第28巻』〔マルクス＝レーニン主義研究所訳〕（大月書店、1958年）
・North Atlantic Treaty Organisation, "Defence Expenditure of NATO Countries (2014-2022)," *Press Release* (27, June, 2022).
・International Monetary *Fund, Direction of Trade Statistics, 2018* (Washington, DC: International Monetary fund, 2018).
・Michel Clodfelter, *Warfare and Armed Conflicts: A Statistical Encyclopedia of Casualty and Other Figures, 1492-2015*, Fourth edition (Jefferson, NC: McFarland & Company, 2017).
・『サムエル記』〔関根正雄訳〕（岩波文庫、1957年）
・吉武宣之「ドローンの対処手段と対処装備品について」『防衛技術ジャーナル』No.503（2023年2月）
・アブラハム・ラビノビッチ『ヨムキプール戦争全史』〔滝川義人訳〕（並木書房、2008年）

・朝雲新聞社編集局編『自衛隊装備年鑑2022-2023』(朝雲新聞社、2022年)
・サイモン・アングリム 他『戦闘技術の歴史1 古代編』〔天野淑子訳〕(創元社、2008年)
・Seth G. Jones, *Russia's Corporate Soldiers: The Global Expansion of Russia's Private Military Companies* (Washington, DC: CSIS, 2021)
・佐山二郎『日本の軍用気球』(光人社NF文庫、2020年)
・ヘミングウェイ『誰がために鐘は鳴る 上・下』〔高見浩訳〕(新潮文庫、2018年)
・小野圭司「ロシアによるウクライナ侵攻の経済学(その2)——経済制裁の効果と限界」『NIDSコメンタリー』〔防衛省 防衛研究所〕第229号(2022年6月)
・小野圭司「民間軍事会社(PMSC)による海賊対処——その可能性と課題」『国際安全保障』第40巻第3号(2012年12月)
・小野圭司「民間軍事会社(PMSC)の管理・規制に関する最近の動向」『陸戦研究』第58巻第684号(2010年9月)
・小野圭司「民間軍事会社の実態と法的地位——実効性のある規制・監視強化に向けて」『国際問題』No.587(2009年12月)
・小野圭司「紛争後復興における民間軍事会社の活用——市場の特徴と課題の考察」『防衛研究所紀要』第11巻第3号(2009年3月)
・小野圭司「ロシアによるウクライナ侵攻の経済学(その1)——ロシアの民間軍事会社(PMSC)」『NIDSコメンタリー』〔防衛省 防衛研究所〕第216号(2022年5月)
・小野圭司「サイバー傭兵の動向——サイバー攻撃代行の現状と課題」『防衛研究所ブリーフィング・メモ』(2020年7月)
・小野圭司「民間軍事会社(PMSC)の動向——テロへの対応と経済学の視点」『防衛研究所ブリーフィング・メモ』(2015年12月)
・小野圭司「民間軍事会社(PMSC)の管理・規制を巡る新しい動き——『国際行動規範』成立に向けて」『防衛研究所ブリーフィング・メモ』(2010年7月)
・小野圭司「紛争後復興と民間軍事会社(PSC)」『防衛研究所ブリーフィング・メモ』(2008年6月)
第4章
・森嶋通夫『なぜ日本は没落するか』(岩波現代文庫、1984年)
・参謀本部編『明治二十七八年 日清戦史 第七巻』(東京印刷、1907年)
・檜山幸夫『日清戦争——秘蔵写真が明かす真実』(講談社、1997年)
・大谷正『日清戦争』(中公新書、2014年)
・Mark F. Cancian, et. al., *The First Battle of the Next War: Wargaming of Chinese Invasion of Taiwan* (Washington, DC: Center for Strategic & International Studies, 2023)
・W G. パゴニス『山・動く』〔佐々淳行監修〕(同文書院インターナショナル、1992年)
・戸部良一『逆説の軍隊:日本の近代 9』(中央公論社、1998年)
・原暉之『シベリア出兵——革命と干渉1917-1922』(筑摩書房、1989年)
・レスター・ブラウン『だれが中国を養うのか?——迫りくる食糧危機の時代』〔今村奈良臣訳〕(ダイヤモンド社、1995年)
・水産庁漁業取締本部「令和5年度漁業取締方針」(2023年3月)
・小林多喜二『蟹工船 一九二八・三・一五』(岩波文庫、1951年)
・Kevin Daly, et al., "The Path to 2075 — Slower Global Growth, But Convergence Remains Intact.," *Goldman Sachs Global Economic Paper* (Dec., 2022)
・Anita Schjølset, "NATO and the Women: Exploring the Gender Gap in the Armed Forces," *PRIO Paper* (July 2010)
・The NATO Science for Peace and Security Programme, "UNSCR 1325 Reload," (June., 2015); *Summary of the National Reports of NATO Member and Partner Nations to the NATO Committee on Gender Perspectives* (2019)
・増田寛也編著『地方消滅——東京一極集中が招く人口急減』(中公新書、2014年)

・増田寛也・冨山和彦『地方消滅——創成戦略篇』(中公新書、2015年)
・フリードリヒ・エンゲルス「反デューリング論」『マルクス=エンゲルス全集 第十二巻』〔河野密、林要共訳〕(改造社、1929年)
・John J. McGrath, "The Other End of the Spear: The Tooth-to-Tail Ratio (T3R) in Modern Military Operations" *The Long War Series Occasional Paper 23* (Fort Leavenworth, KS: Combat Studies Institute Press, 2007)
・戸部良一「明治の軍人と昭和の軍人」『軍事史学』第52巻第1号(2016年6月)
・Carl Benedikt Frey and Michael A. Osbone, "The Future of Employment: How susceptible are jobs to computerisation?" *Oxford Martin School Working Paper, University of Oxford* (September, 2013)
・エズラ・F.・ヴォーゲル『ジャパン・アズ・ナンバーワン』〔広中和歌子、木本彰子訳〕(TBSブリタニカ、1979年)
・山本七平『「空気」の研究』(文春文庫、2018年)
・丸山二郎『古事記:標柱訓読』(吉川弘文館、1965年)
・中川友長「将来人口の計算に就て」『人口問題研究』〔厚生省 人口問題研究所〕第1巻第2号(1940年5月)
・Keishi Ono, "Japan's Climate Security Strategy in the Indo-Pacific," *IDSS Paper*, no.12 (Nov., 2021)
・Yasuko Kameyama & Keishi Ono, "The development of climate security discourse in Japan," *Sustainability Science*, vol.16, no.1 (Jan., 2021)
・小野圭司「人口動態と安全保障——22世紀に向けた防衛力整備と経済覇権」『防衛研究所紀要』第19巻第2号(2017年3月)
・小野圭司「21世紀後半に向けた安全保障環境——アフガニスタン戦争終結の先に見えるもの」『NIDSコメンタリー』〔防衛省 防衛研究所〕第195号(2021年9月)
・小野圭司「21世紀後半以降の経済覇権予測と安全保障」『防衛研究所ブリーフィング・メモ』(2016年5月)
・小野圭司「人工知能(AI)の発展と軍隊——組織の在り方に関わる唯物論的考察の試み」『戦略研究』第26号(2020年3月)
・小野圭司「人工知能(AI)による軍の知的労働の代替——AIと人間の共生の問題としての考察」『防衛研究所紀要』第21巻第2号(2019年3月)
・小野圭司「人工知能(AI)の第2次ブームと軍用システムへの応用——エキスパート・システムによる判断支援の試みと限界」『防衛研究所ブリーフィング・メモ』(2019年5月)
・小野圭司「人工知能(AI)による軍の機能代替——知的労働の代替と共生に関する試論」『防衛研究所ブリーフィング・メモ』(2018年9月)
・小野圭司「解説 急速に発展するAI兵器開発と日本の現状」ルイス・A・デルモンテ『AI・兵器・戦争の未来』〔川村幸城訳〕(東洋経済新報社、2021年)

小野圭司――おの・けいし
防衛省防衛研究所 特別研究官。1988年、京都大学経済学部卒業。住友銀行を経て、97年、防衛庁防衛研究所に入所。社会・経済研究室長などを経て、2020年4月より現職。この間、青山学院大学大学院修士課程、ロンドン大学大学院(SOAS)修士課程修了。専門は軍事・戦争の経済学、戦争経済思想。著作に『日本 戦争経済史』(日本経済新聞出版)などがある。

いま本気で考えるための
日本の防衛問題入門

2023年6月20日　初版印刷
2023年6月30日　初版発行

著者――小野圭司
発行者――小野寺優
発行所――株式会社河出書房新社
〒151-0051 東京都渋谷区千駄ヶ谷2-32-2
電話(03)3404-1201(営業)
https://www.kawade.co.jp/

企画・編集――株式会社夢の設計社
〒162-0041 東京都新宿区早稲田鶴巻町543
電話(03)3267-7851(編集)

DTP――イールプランニング
印刷・製本――中央精版印刷株式会社

Printed in Japan ISBN978-4-309-23134-1

落丁本・乱丁本はお取り替えいたします。

本書のコピー、スキャン、デジタル化等の無断複製は著作権法上での例外を除き禁じられています。本書を代行業者等の第三者に依頼してスキャンやデジタル化することは、いかなる場合も著作権法違反となります。

なお、本書についてのお問い合わせは、夢の設計社までお願いいたします。